21世纪高等学校规划教材 | 计算机科学与技术

大型数据库概论

朱辉生 陈琳 李金海 主编

清华大学出版社
北京

内 容 简 介

本书以 Oracle 11g 为蓝本,深入浅出地介绍大型数据库系统的相关知识。全书共 10 章,分别介绍数据库的基本理论、Oracle 11g 的安装配置与基本操作、PL/SQL 编程、Oracle 11g 数据库的体系结构、Oracle 11g 数据库的管理、Oracle 11g 数据库对象的管理、Oracle 11g 数据库的安全性、Oracle 11g 数据库的恢复、Oracle 11g 数据库的完整性与并发控制、Oracle 11g 数据库应用系统的开发。

本书内容翔实,示例丰富,结构合理,语言简洁。每章均有针对性很强的示例和适量的习题或实验题,配合读者对相关知识的掌握。

本书既可作为计算机科学与技术、信息管理与信息系统等本科专业"大型数据库概论"课程的教材,也可作为数据库应用系统开发人员的参考书。

本书封面贴有清华大学出版社防伪标签,无标签者不得销售。

版权所有,侵权必究。举报:010-62782989, beiqinquan@tup.tsinghua.edu.cn。

图书在版编目(CIP)数据

大型数据库概论/朱辉生等主编.—北京:清华大学出版社,2018(2021.8重印)
(21 世纪高等学校规划教材·计算机科学与技术)
ISBN 978-7-302-49249-8

Ⅰ.①大… Ⅱ.①朱… Ⅲ.①数据库系统—概论 Ⅳ.①TP311.13

中国版本图书馆 CIP 数据核字(2018)第 002556 号

责任编辑:闫红梅 赵晓宁
封面设计:傅瑞学
责任校对:梁 毅
责任印制:朱雨萌

出版发行:清华大学出版社
   网 址:http://www.tup.com.cn,http://www.wqbook.com
   地 址:北京清华大学学研大厦 A 座   邮 编:100084
   社 总 机:010-62770175   邮 购:010-83470235
   投稿与读者服务:010-62776969, c-service@tup.tsinghua.edu.cn
   质量反馈:010-62772015, zhiliang@tup.tsinghua.edu.cn
   课件下载:http://www.tup.com.cn,010-83470236
印 装 者:北京富博印刷有限公司
经 销:全国新华书店
开 本:185mm×260mm 印 张:12.75   字 数:309 千字
版 次:2018 年 2 月第 1 版   印 次:2021 年 8 月第 3 次印刷
印 数:2501~3000
定 价:39.00 元

产品编号:077043-01

出 版 说 明

随着我国改革开放的进一步深化,高等教育也得到了快速发展,各地高校紧密结合地方经济建设发展需要,科学运用市场调节机制,加大了使用信息科学等现代科学技术提升、改造传统学科专业的投入力度,通过教育改革合理调整和配置了教育资源,优化了传统学科专业,积极为地方经济建设输送人才,为我国经济社会的快速、健康和可持续发展以及高等教育自身的改革发展做出了巨大贡献。但是,高等教育质量还需要进一步提高以适应经济社会发展的需要,不少高校的专业设置和结构不尽合理,教师队伍整体素质亟待提高,人才培养模式、教学内容和方法需要进一步转变,学生的实践能力和创新精神亟待加强。

教育部一直十分重视高等教育质量工作。2007 年 1 月,教育部下发了《关于实施高等学校本科教学质量与教学改革工程的意见》,计划实施"高等学校本科教学质量与教学改革工程"(简称"质量工程"),通过专业结构调整、课程教材建设、实践教学改革、教学团队建设等多项内容,进一步深化高等学校教学改革,提高人才培养的能力和水平,更好地满足经济社会发展对高素质人才的需要。在贯彻和落实教育部"质量工程"的过程中,各地高校发挥师资力量强、办学经验丰富、教学资源充裕等优势,对其特色专业及特色课程(群)加以规划、整理和总结,更新教学内容、改革课程体系,建设了一大批内容新、体系新、方法新、手段新的特色课程。在此基础上,经教育部相关教学指导委员会专家的指导和建议,清华大学出版社在多个领域精选各高校的特色课程,分别规划出版系列教材,以配合"质量工程"的实施,满足各高校教学质量和教学改革的需要。

为了深入贯彻落实教育部《关于加强高等学校本科教学工作,提高教学质量的若干意见》精神,紧密配合教育部已经启动的"高等学校教学质量与教学改革工程精品课程建设工作",在有关专家、教授的倡议和有关部门的大力支持下,我们组织并成立了"清华大学出版社教材编审委员会"(以下简称"编委会"),旨在配合教育部制定精品课程教材的出版规划,讨论并实施精品课程教材的编写与出版工作。"编委会"成员皆来自全国各类高等学校教学与科研第一线的骨干教师,其中许多教师为各校相关院、系主管教学的院长或系主任。

按照教育部的要求,"编委会"一致认为,精品课程的建设工作从开始就要坚持高标准、严要求,处于一个比较高的起点上。精品课程教材应该能够反映各高校教学改革与课程建设的需要,要有特色风格、有创新性(新体系、新内容、新手段、新思路,教材的内容体系有较高的科学创新、技术创新和理念创新的含量)、先进性(对原有的学科体系有实质性的改革和发展,顺应并符合 21 世纪教学发展的规律,代表并引领课程发展的趋势和方向)、示范性(教材所体现的课程体系具有较广泛的辐射性和示范性)和一定的前瞻性。教材由个人申报或各校推荐(通过所在高校的"编委会"成员推荐),经"编委会"认真评审,最后由清华大学出版社审定出版。

目前,针对计算机类和电子信息类相关专业成立了两个"编委会",即"清华大学出版社计算机教材编审委员会"和"清华大学出版社电子信息教材编审委员会"。推出的特色精品教材包括:

(1) 21世纪高等学校规划教材·计算机应用——高等学校各类专业,特别是非计算机专业的计算机应用类教材。

(2) 21世纪高等学校规划教材·计算机科学与技术——高等学校计算机相关专业的教材。

(3) 21世纪高等学校规划教材·电子信息——高等学校电子信息相关专业的教材。

(4) 21世纪高等学校规划教材·软件工程——高等学校软件工程相关专业的教材。

(5) 21世纪高等学校规划教材·信息管理与信息系统。

(6) 21世纪高等学校规划教材·财经管理与应用。

(7) 21世纪高等学校规划教材·电子商务。

(8) 21世纪高等学校规划教材·物联网。

清华大学出版社经过三十多年的努力,在教材尤其是计算机和电子信息类专业教材出版方面树立了权威品牌,为我国的高等教育事业做出了重要贡献。清华版教材形成了技术准确、内容严谨的独特风格,这种风格将延续并反映在特色精品教材的建设中。

清华大学出版社教材编审委员会

联系人:魏江江

E-mail:weijj@tup. tsinghua. edu. cn

前　言

　　Oracle 是世界上第一个以 SQL 语言为基础、以分布式数据库为核心的大型数据库管理系统。自 1979 年 Oracle 问世以来,Oracle 公司一直致力于信息管理现代化技术及产品的研究与开发,使 Oracle 在全球数据库市场中稳居龙头位置并成为大型数据库管理系统的工业标准。对于计算机科学与技术、信息管理与信息系统等本科专业学生而言,掌握 Oracle 主流版本 Oracle 11g 的理论及应用,既是对"数据库原理及应用"课程的巩固提高,也是对大型数据库应用系统开发的基础训练。

　　本书力求通过言简意赅的语言和丰富的示例来介绍 Oracle 11g,所有示例均在编者多年"大型数据库概论"课程的教学过程中实践过。全书共分 10 章。第 1～第 3 章为 Oracle 11g 的基础部分,主要介绍数据库基础、Oracle 11g 的安装配置与基本操作以及 PL/SQL 编程。第 4～第 6 章为 Oracle 11g 的核心部分,介绍 Oracle 11g 数据库的体系结构、数据库的管理和数据库对象的管理。第 7～第 9 章为 Oracle 11g 的管理部分,介绍 Oracle 11g 数据库的安全性、恢复、完整性和并发控制等数据保护技术。第 10 章为 Oracle 11g 的应用部分,主要介绍基于 Visual C++开发 Oracle 11g 数据库应用系统的方法。附录为手工创建数据库和初始化参数文件。

　　本书由朱辉生、陈琳和李金海主编,朱辉生编写了第 1 和第 2 章,陈琳编写了第 3～第 6 和第 8 章,李金海编写了第 7、第 9 和第 10 章及附录。

　　由于编者水平有限,书中难免有不足之处,敬请广大读者批评指正。对本书的意见请通过 zhs@fudan.edu.cn 反馈给我们,谢谢!

朱辉生

2017 年 8 月

目　录

第 1 章

绪论

数据库技术产生于 20 世纪 60 年代中期,是数据管理的最新技术,是计算机科学的重要分支,它的出现极大地促进了计算机应用向各行各业的渗透。数据库的基本概念、数据模型、数据库系统的体系结构、数据库管理系统等相关知识是掌握大型数据库管理系统 Oracle 11g 的基础。

本章学习目标:

(1) 理解数据库的 4 个基本概念。

(2) 掌握数据模型的概念、要素、分类和常见数据模型的特点。

(3) 掌握数据库系统的三级模式结构和二级映像。

(4) 掌握数据库管理系统的工作模式、功能和组成。

(5) 了解 Oracle 11g 的特点。

1.1 数据库的基本概念

1.1.1 数据

数据(Data)是能够被计算机识别、存储和处理的信息。在计算机中,为了存储和处理现实世界中的具体事物,就要抽取出这些事物的特性组成一个记录来描述。例如,学校管理部门对学生感兴趣的是学生的学号、姓名、性别、年龄和班级等,数据"20170801,张军,男,20,计算机科学与技术 1 班"表示张军同学的学号为 20170801、性别为男、年龄为 20 岁、就读于计算机科学与技术 1 班。

1.1.2 数据库

数据库(Database,DB)是长期存储在计算机内、有组织的、可共享的数据集合。数据库中的数据按一定的数据模型组织、描述和存储,具有较小的冗余度、较高的数据独立性和易扩展性,并可为多个用户共享。

1.1.3 数据库管理系统

数据库管理系统(Database Management System,DBMS)是位于用户与操作系统之间的一层数据管理软件。数据库管理系统集中管理和控制着数据库的建立、运行和维护,它使得用户可以方便地定义和操纵数据,并能够保证数据的安全性、完整性、多用户并发访问以及故障发生后的数据库恢复。

1.1.4　数据库系统

数据库系统(Database System,DBS)是指引入数据库后的计算机系统,它一般由操作系统、数据库管理系统、数据库、应用程序、数据库管理员(Database Administrator,DBA)和用户构成。

在不引起混淆的情况下,可以把数据库系统简称为数据库。

1.2　数据模型

数据库是某家企业、组织或部门所涉及的数据集合,它不仅要反映数据本身的内容,而且要反映数据之间的联系。由于计算机不可能直接处理现实世界中的具体事物,所以人们必须事先把事物转换成能够处理的数据。

1.2.1　数据模型的概念

数据模型是对现实世界的模拟,是能够描述实体及实体之间联系的一种模型。

数据模型应满足三方面的要求:一是能比较真实地模拟现实世界;二是容易为人们所理解;三是便于在计算机上实现。但目前一种数据模型很难同时很好地满足这三方面的要求。

根据应用目的,可以将数据模型划分为两类,它们分属于两个不同的层次。一类是概念模型,它是按用户的观点对数据建模;另一类是逻辑模型(也称为结构模型),主要有层次模型、网状模型、关系模型、面向对象模型等,它是按计算机系统的观点对数据建模。

1.2.2　数据模型的要素

任何一种数据模型都是严格定义的概念的集合,这些概念必须能够精确地描述系统的静态特性、动态特性和完整性约束条件。因此,数据模型通常都是由数据结构、数据操作和完整性约束三个要素组成的。

1. 数据结构

数据结构用于描述系统的静态特性(各种对象类型)。

数据结构是刻画一个数据模型最重要的方面,因此在数据库系统中,常常按照其数据结构的类型来命名数据类型。例如,层次结构、网状结构、关系结构中的数据类型分别命名为层次模型、网状模型和关系模型。

2. 数据操作

数据操作用于描述系统的动态特性(各种对象类型的实例允许执行的操作的集合)。

数据库中的数据操作主要有检索和更新(插入、删除和修改)两大类操作。数据模型必须定义这些操作的确切含义、操作符号、操作规则(如优先级)以及实现操作的语言。

3. 完整性约束

完整性约束是指给定数据模型中的数据及其联系所具有的制约和依存规则,用以限定符合数据模型的数据库状态以及状态的变化,以保证数据的正确、相容和有效。

数据模型应该规定本数据模型必须遵守的基本完整性约束。例如,在关系模型中,任何关系必须满足实体完整性和参照完整性两个条件。

此外,数据模型还应该提供定义完整性约束的机制,以反映具体应用所涉及的数据必须遵守的特定的语义约束。例如,学生数据库中规定学生的年龄必须取正整数值、性别必须取男或女两个值之一等。

1.2.3　概念模型

为了把现实世界中的具体事物抽象、组织为某一 DBMS 支持的数据类型,人们常常首先将现实世界抽象为信息世界,再将信息世界转换为机器世界。概念模型就是现实世界到信息世界的第一层抽象,是对信息世界建立的不依赖于具体的计算机系统、不为某个 DBMS 所支持的数据模型,它是用户与数据库设计人员之间进行交流的语言。

概念模型用于信息世界的建模,应该能方便、准确地表示信息世界的常用概念(如实体、属性、联系等)。概念模型的表示方法很多,其中最为常用的是 P. P. S. Chen 于 1976 年提出的实体—联系方法(Entity-Relationship Approach,ER 方法),该方法用 ER 图来描述现实世界。

ER 图提供了表示实体、属性和联系的方法。其中,实体用矩形表示,矩形框内写明实体名;属性用椭圆表示,并用无向边将其与对应的实体连接起来;联系用菱形表示,菱形框内写明联系名,并用无向边分别与有关实体连接起来,同时在无向边旁标上联系的类型(1:1,1:n 或 m:n);联系本身也可以有属性,这些属性用无向边与该联系连接起来。

1.2.4　逻辑模型

逻辑模型与 DBMS 有关,直接面向数据库的逻辑结构。目前最常用的逻辑模型有层次模型、网状模型、关系模型和面向对象模型。

1. 层次模型

现实世界中许多实体之间的联系本来就呈现为一种很自然的层次关系,如行政机构、家族关系等。层次模型是数据库系统中最早出现的数据模型,典型代表是 IBM 公司于 1968 年推出的信息管理系统(Information Management System,IMS)。

1) 层次模型的数据结构

层次模型用树形结构表示各类实体以及实体之间的联系,因此它有两个限制:

(1) 只有一个结点没有双亲结点,称之为根结点。

(2) 根以外的其他结点有且只有一个双亲结点。

2) 层次模型的数据操作

层次模型的数据操作主要有查询、插入、删除和修改。

3) 层次模型的完整性约束

层次模型的完整性约束是指进行插入、删除和修改操作时要满足的约束：

(1) 进行插入操作时，如果没有相应的双亲结点，就不能插入子女结点。

(2) 进行删除操作时，如果删除双亲结点，则相应的子女结点也被同时删除。

(3) 进行修改操作时，应修改所有的相应记录，以保证数据的一致性。

4) 层次模型的优点

(1) 对于实体间联系是固定的，且预先定义好的应用系统，采用层次模型来实现，其性能优于关系模型，不次于网状模型。

(2) 提供了良好的完整性支持。

5) 层次模型的缺点

(1) 现实世界中很多联系是非层次的，如多对多联系，用层次模型表示这些联系须引入冗余数据，容易产生数据的不一致。

(2) 对插入、删除操作的限制较多。

(3) 数据的独立性差。由于实体之间的联系本质上是通过存取路径指示的，因此应用程序在访问数据时要指定存取路径。

2. 网状模型

现实世界中实体之间的联系更多的是非层次关系，用层次模型表示非树形结构是很不直接的，网状模型则可以弥补这一不足。网状模型的典型代表是 1969 年由数据系统语言研究会(Conference on Data Systems Language，CODASYL)下属的数据库任务组(Database Task Group，DBTG)提出的 DBTG 报告。

1) 网状模型的数据结构

网状模型用图形结构表示各类实体以及实体之间的联系，它突破了层次模型数据结构的两个限制，允许多个结点没有双亲结点，允许一个结点可以有多个双亲结点。

2) 网状模型的数据操作

网状模型的数据操作主要有查询、插入、删除和修改。

3) 网状模型的完整性约束

(1) 进行插入操作时，允许插入尚未确定双亲结点的子女结点。

(2) 进行删除操作时，只需删除双亲结点，相应的子女结点仍然保留。

4) 网状模型的优点

(1) 能够更为直接地描述现实世界。

(2) 具有良好的性能，存取效率高。

5) 网状模型的缺点

(1) DDL 语言极其复杂。

(2) 数据的独立性差。由于实体之间的联系本质上是通过存取路径指示的，因此应用程序在访问数据时要指定存取路径。

3. 关系模型

关系模型是目前最重要的一种数据模型。美国 IBM 公司的研究员 E. F. Codd 于 1970

年发表了题为"大型共享系统的关系数据库的关系模型"的论文,文中首次提出了数据库系统的关系模型。20 世纪 80 年代以来,计算机厂商新推出的 DBMS 大都支持关系模型。

1) 关系模型的数据结构

关系模型的数据结构是一张二维表,由行和列组成。但关系模型要求关系必须是规范化的,即要求关系模式必须满足一系列的规范条件,这些规范条件中最基本的一条是关系的每一分量必须是一个不可分割的数据项。

2) 关系模型的数据操作

关系模型的数据操作主要有查询、插入、删除和修改。

3) 关系模型的完整性约束

关系模型的完整性约束包括三大类:实体完整性、参照完整性和用户自定义完整性。

4) 关系模型的优点

(1) 关系模型建立在严格的数学概念基础上。

(2) 概念单一,实体及其联系均用关系表示,数据操作的对象及结果都是一个关系。

(3) 存取路径对用户透明,具有较高的数据独立性和安全性。

5) 关系模型的缺点

由于存取路径对用户透明,查询效率较差,为提高查询性能,一般要进行查询优化,这就增加了额外的开销。

4. 面向对象模型

虽然关系模型比层次模型、网状模型简单灵活,但还不能表达现实世界中存在的许多复杂的数据结构,如 CAD 数据、图形数据、嵌套递归的数据等,面向对象模型可以很好地解决这一问题。

面向对象概念最早出现在 1968 年的 Smalltalk 语言中,随后迅速渗透到计算机领域的每个分支,现已使用在数据库技术中。该模型的基本概念是对象和类。

对象是现实世界中实体的模型化,与记录相仿,但比记录复杂。每个对象有唯一的标识符,把状态和行为封装在一起。其中,对象的状态是该对象属性值的集合,对象的行为是在对象状态上操作的方法集。

类是相同对象组成的集合,可以从其父类中继承所有的属性和方法。

1.3 数据库系统的体系结构

虽然实际的数据库系统种类很多,它们支持不同的数据模型,使用不同的数据库语言,建立在不同的操作系统之上,数据的存储结构也各不相同,但从数据库管理系统的角度看,它们在体系结构上通常都具有相同的特征,即采用三级模式结构,并提供二级映像功能。

1.3.1 数据库系统的三级模式结构

数据库系统的三级模式结构是指数据库系统由外模式、模式和内模式三级构成,如

图 1.1 所示。

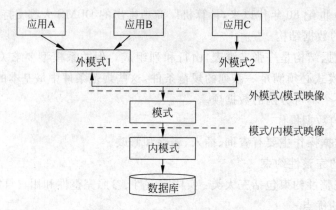

图 1.1　数据库系统的模式结构

1. 模式

模式也称为逻辑模式,是数据库中全体数据的逻辑结构和特征的描述,是所有用户的公共数据视图。它是数据库系统体系结构中的中间层,不涉及数据的物理存储细节和硬件环境,与具体的应用程序无关,也与所使用的开发工具无关。

实际上模式是数据库数据在逻辑级上的视图。一个数据库只有一个模式。数据库模式以某一种数据模型为基础,统一综合地考虑了所有用户的需求,并将这些需求有机地结合成一个逻辑整体。定义模式时不仅要定义数据的逻辑结构(如数据记录由哪些数据项组成、各数据项的名字和类型等),还要定义与数据有关的安全性、完整性要求等。

2. 外模式

外模式也称为子模式或用户模式,它是数据库用户看见和使用的局部数据的逻辑结构和特征的描述,是数据库用户的数据视图,是与某一应用有关的数据的逻辑表示。

外模式通常是模式的子集。一个数据库可以有多个外模式。由于它是各个用户的数据视图,如果不同的用户在应用需求、看待数据的方式、对数据保密的要求等方面存在差异,则他们的外模式描述就是不同的。同一外模式也可以为某一用户的多个应用系统所使用,但一个应用程序只能使用一个外模式。

3. 内模式

内模式也称为存储模式,它是数据存储结构的描述,是数据在数据库内部的表示方式。例如,记录是按照顺序结构、B 树结构还是 Hash 方法存储,索引按何种方式组织,数据是否压缩存储等。一个数据库只有一个内模式。

1.3.2　数据库系统的二级映像与数据独立性

数据库系统的三级模式是对数据的三个级别抽象,它把数据的具体组织留给 DBMS 管理,使用户能逻辑地处理数据,而不必关心数据在计算机中的具体表示。数据库系统在三级模式之间提供了二层映像：外模式/模式映像和模式/内模式映像。正是这二层映像保证了数据库系统中的数据具有较高的逻辑独立性和物理独立性。

1. 外模式/模式映像和数据的逻辑独立性

模式描述的是数据的全局逻辑结构，外模式描述的是数据的局部逻辑结构，一个模式可以有多个外模式与之对应。外模式/模式映像定义了该外模式与模式之间的对应关系，它通常包含在各自外模式的描述中。当模式改变时（如增加新的数据类型、数据项等），由 DBA 对各个外模式/模式映像作相应改变，可以使外模式保持不变，从而不必修改应用程序，保证了数据的逻辑独立性。

2. 模式/内模式映像和数据的物理独立性

数据库只有一个模式和一个内模式，所以模式/内模式映像也是唯一的，它定义了数据全局逻辑结构和存储结构之间的对应关系，它通常包含在模式的描述中。当内模式改变时，由 DBA 对各个外模式/模式映像作相应改变，可以使模式保持不变，从而不必修改应用程序，保证了数据的物理独立性。

1.4 数据库管理系统

数据库管理系统是数据库系统的核心，是位于操作系统与用户之间的系统软件。目前流行的关系型 DBMS 有 Oracle、Sybase、SQL Server、Informix、DB2 等。

1.4.1 DBMS 的工作模式

DBMS 实现一个应用程序（或用户）对数据库的访问操作，工作原理如下：
（1）接受应用程序的数据请求和处理请求。
（2）将用户的数据请求（高级指令）转换成复杂的机器代码（低层指令）。
（3）实现对数据库的操作。
（4）从对数据库的操作中接受查询结果。
（5）对查询结果进行处理（格式转换）。
（6）将处理结果返回给应用程序（或用户）。

1.4.2 DBMS 的功能

由于不同 DBMS 要求的硬件资源、软件环境是不同的，因此其功能与性能也存在差异，但 DBMS 一般都应包括以下功能：

1. 数据库的定义功能

DBMS 提供数据定义语言（Data Description Language，DDL）定义数据库的三级模式结构、二级映像、完整性约束、保密限制等。因此，在 DBMS 中应包括 DDL 的编译程序。

2. 数据库的操纵功能

DBMS 提供数据操纵语言(Data Manipulation Language,DML)实现数据的操作。基本的数据操作有两类：检索(查询)和更新(包括插入、删除和修改)。因此,在 DBMS 中应包括 DML 的编译程序或解释程序。

3. 数据库的保护功能

DBMS 提供数据操纵语言(Data Control Language,DCL)实现涉及以下 4 个方面的数据保护,因此在 DBMS 中应包括这 4 个子系统。

- 数据库的恢复。在数据库被破坏或数据不正确时,系统有能力把数据库恢复到正确的状态。
- 数据库的并发控制。在多个用户同时对同一个数据进行操作时,系统应能加以控制,防止数据库中的数据被破坏。
- 数据完整性控制。保证数据库中数据及语义的正确、相容和有效,防止任何对数据造成错误的操作。
- 数据安全性控制。防止未经授权的用户存取数据库中的数据,以免数据的泄露、更改或破坏。

4. 数据库的维护功能

数据库的维护包括数据库的数据载入、转换、转储、数据库重组以及性能监控等。这些功能由各个实用程序(Utilities)完成。

5. 数据字典

数据库系统中存放三级模式结构定义的数据库称为数据字典(Data Dictionary,DD),对数据库的操作要通过 DD 才能实现。DD 中还存放了数据库运行时的统计信息(如记录个数、访问次数等)。管理 DD 的子系统称为 DD 系统。

1.4.3　DBMS 的组成

从模块结构来观察,DBMS 由以下两大部分组成：

1. 查询处理器

它可分为 4 个部分：

- DDL 编译器。编译或解释 DDL 语句,并把它登录在数据字典中。
- DML 编译器。对 DML 语句进行优化并转换成查询运行核心程序能执行的低层指令。
- 嵌入式 DML 的预编译器。把嵌入在主语言中的 DML 语句处理成规范的过程调用形式。
- 查询运行核心程序。执行由 DML 编译器产生的低层指令。

2. 存储管理器

它可分为 4 个部分：

- 权限和完整性管理器。测试应用程序是否满足完整性约束，检查用户访问数据的合法性。
- 事务管理器。数据库系统的逻辑工作单元是事务(Transaction)，事务由操作序列组成。事务管理器用于确保 DB 的一致性，并保证并发操作的正确执行。
- 文件管理器。负责磁盘空间的合理分配，管理物理文件的存储结构和存取方式。
- 缓冲区管理器。为应用程序开辟的内存缓冲区，负责将从磁盘中读出的数据送入内存缓冲区，并决定哪些数据进入高速缓冲存储器(Cache)。

1.5 Oracle 11g 的特点

Oracle 是世界上最早商品化的关系型数据库管理系统，也是当今世界上应用最为广泛、功能最为强大的数据库管理系统。根据 META 集团最新公布的市场研究报告，在全球关系型数据库软件市场上，Oracle 名列第一。

1.5.1 Oracle 11g 的特点

Oracle 11g 的特点如下：

(1) 支持大数据库、多用户的高性能的事务处理、分布式处理。

(2) 遵守数据存取语言、操作系统、用户接口和网络通信协议的工业标准。

(3) 实现连续的数据可用性：世界领先的数据保护环境、联机数据演变、准确的数据库修复、自我服务的错误更正。

(4) 提供端到端的安全体系结构：强壮的三层安全性、基于标准的公开密钥体系 PKI、精心细化的审计功能、增强的用户和安全策略管理、数据加密、标签加密、Oracle Internet Directory。

(5) 电子商务应用程序的开发平台：Enterprise Java Engine、XML 支持、SQL 和 PL/SQL 改进。

(6) 具有可移植性、可兼容性、可连接性和可管理性。

1.5.2 Oracle 11g 的三个版本

(1) 标准版。其目标为工作组或部门级应用程序，包括一组综合性管理工具，完全的分发、复制、Web 功能，以及构建以业务为第一的应用程序的产品和服务。

(2) 企业版。其目标为高端应用程序提供数据管理，如大容量的在线事务处理 OLTP 环境，查询密集型的数据仓库和要求较高的 Internet 应用程序，所提供的工具和功能可以满足以任务为第一的应用程序的可用性和可伸缩性需求。

(3) 个人版。为开发者提供开发测试平台。

1.6　小结

本章主要介绍了数据库的基本概念、数据模型、数据库系统的体系结构、数据库管理系统和 Oracle 11g 的特点。

数据、数据库、数据库管理系统和数据库系统是数据库的 4 个基本概念。

数据模型是对现实世界的模拟，是能够描述实体及实体之间联系的一种模型。从不同的角度可以将数据模型分为概念模型和逻辑模型。数据结构、数据操作和完整性约束是数据模型的要素。常用的数据模型有层次模型、网状模型、关系模型和面向对象模型。

数据库系统的三级模式结构是指数据库系统由外模式、模式和内模式三级构成。数据库系统在三级模式之间提供了二层映像：外模式/模式映像和模式/内模式映像，它们保证了数据库系统中的数据具有较高的逻辑独立性和物理独立性。

数据库管理系统是数据库系统的核心，是位于操作系统与用户之间的系统软件。DBMS 应具有数据库的定义、操纵、保护、维护和数据字典等功能。从模块结构来看，DBMS 由查询处理器和存储管理器两大部分构成。

Oracle 11g 是具有面向对象等特点的关系型数据库管理系统。

习题 1

（1）解释数据库的 4 个基本概念：数据、数据库、数据库管理系统、数据库系统。

（2）什么是数据模型、概念模型、逻辑模型？数据模型的要素是什么？常用的逻辑模型有哪些？

（3）简述数据库系统的三级模式结构与二级映像。

（4）简述数据库管理系统的功能与组成。

第 2 章
Oracle 11g的安装配置与基本操作

作为目前应用最广泛的大型数据库管理系统,Oracle 11g 的正确安装和合理配置是 Oracle 11g 用户面临的重要工作。正确掌握 Oracle 11g 的安装配置和基本操作是全面掌握 Oracle 11g 系统和开发 Oracle 11g 数据库应用程序的前提。

本章学习目标:

(1) 掌握 Oracle 11g 服务器软件的安装配置方法。

(2) 掌握 Oracle 11g 客户端软件的安装配置方法。

(3) 掌握 Oracle 11g 数据库的登录方法。

(4) 掌握 Oracle 11g 数据库的启动方法。

(5) 掌握 Oracle 11g 数据库的关闭方法。

2.1 Oracle 11g 的安装配置

本节主要介绍 Windows 8 64 位环境(其他环境相似)下 Oracle 11g 服务器和客户端软件的安装配置方法。

安装配置 Oracle 11g 服务器软件的步骤如下:

(1) 将 Oracle 11g 的第 1 号安装盘放入光驱,双击 setup 文件,将弹出如图 2.1 所示的 "Oracle Database 11g 发行版 2 安装程序-安装数据库-步骤 1/9"对话框。电子邮箱与安全更新都可以不用填写。

(2) 单击"下一步"按钮,出现如图 2.2 所示的"Oracle Database 11g 发行版 2 安装程序-安装数据库-步骤 2/9"页面。选择"创建和配置数据库"单选按钮。这样数据库安装完成后,会默认创建数据库实例 orcl。

(3) 单击"下一步"按钮,出现如图 2.3 所示的"Oracle Database 11g 发行版 2 安装程序-安装数据库-步骤 3/8"页面。选择"桌面类"单选按钮,适用于安装到 PC 上。

(4) 单击"下一步"按钮,出现如图 2.4 所示的"Oracle Database 11g 发行版 2 安装程序-安装数据库-步骤 4/8"页面。设置安装路径、管理口令。管理口令需要至少包括一个大写字母、一个小写字母、一个数字,且不少于 8 位。

(5) 单击"下一步"按钮,出现如图 2.5 所示的"Oracle Database 11g 发行版 2 安装程序-安装数据库-步骤 5/8"页面。检查目标环境是否满足所选产品的最低安装和配置要求。若通过,可进入下一步;若不通过,会显示详细的原因。

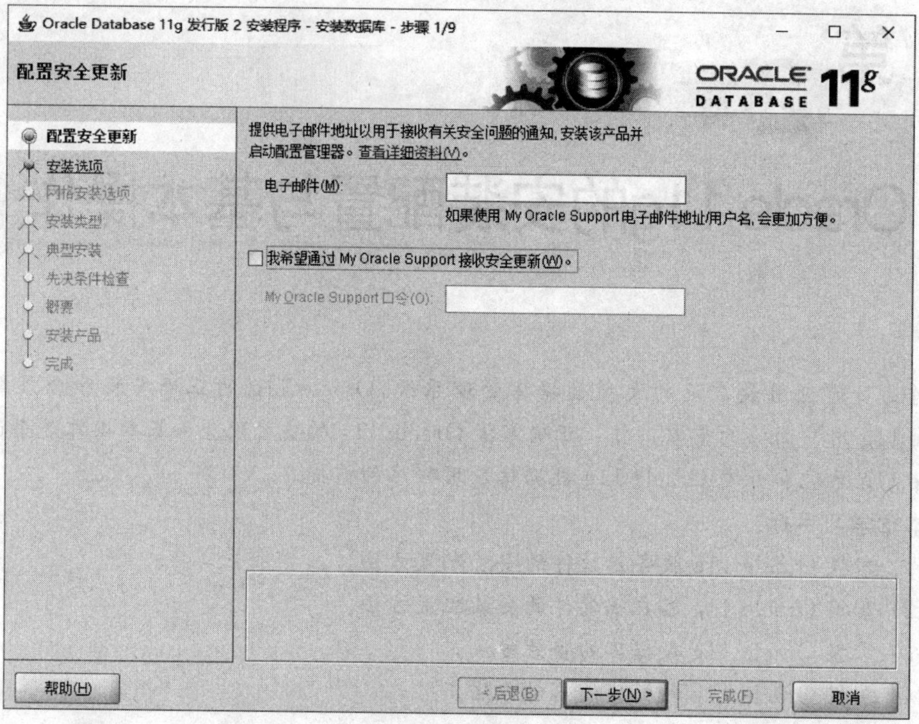

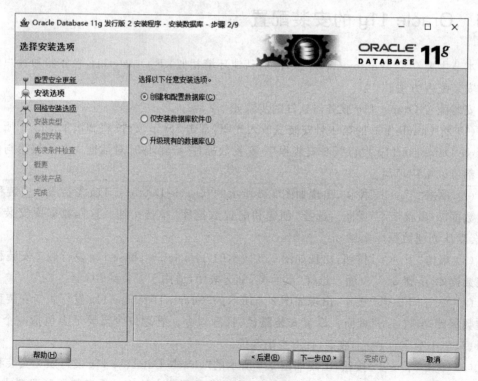

图 2.1　配置安全更新

图 2.2　选择安装选项

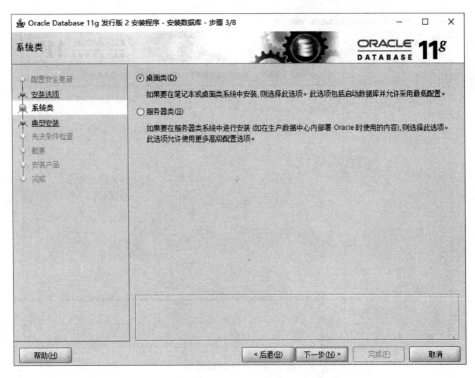

图 2.3 选择系统类

图 2.4 设置安装路径、管理口令

图 2.5　先决条件检查

（6）单击"下一步"按钮，出现如图 2.6 所示的"Oracle Database 11g 发行版 2 安装程序-安装数据库-步骤 6/8"页面。显示安装数据库的概要信息。

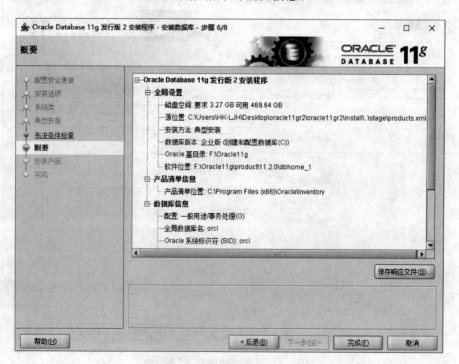

图 2.6　概要信息

（7）单击"下一步"按钮，出现如图 2.7 所示的"Oracle Database 11g 发行版 2 安装程序-安装数据库-步骤 7/8"页面。安装完成后会弹出如图 2.8 所示的 Database Configuration Assistant 对话框。配置完成后，会弹出如图 2.9 所示的 Database Configuration Assistant 对话框。

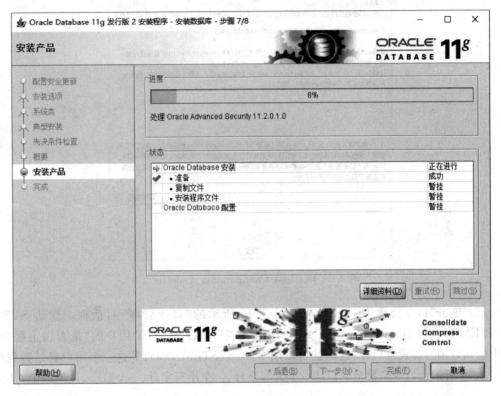

图 2.7　安装产品

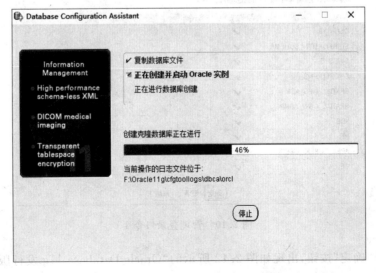

图 2.8　Database Configuration Assistant 1

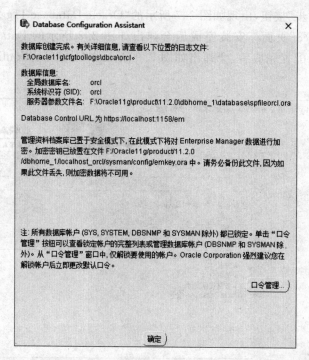

图 2.9　Database Configuration Assistant 2

(8) 单击"口令管理"按钮,出现如图 2.10 所示的"口令管理"对话框。默认 SYS 和 SYSTEM 用户可用,可以将 SCOTT 用户解除锁定(即将 SCOTT 用户的"是否锁定账户?"列中的钩取消),并设置口令,这样就可以用 SYS、SYSTEM、SCOTT 这三个用户登录数据库,如图 2.11 所示。口令需要至少包括一个大写字母、一个小写字母、一个数字,且不少于 8 位。

图 2.10　管理登录口令 1

(9) 单击"确定"按钮,出现如图 2.12 所示的"Oracle Database 11g 发行版 2 安装程序-安装数据库-步骤 8/8"页面。单击"关闭"按钮,完成安装。

至此,Oracle 11g 客户端的安装配置工作就全部完成了。

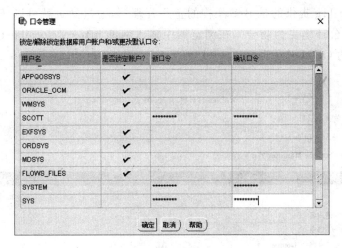

图 2.11　管理登录口令 2

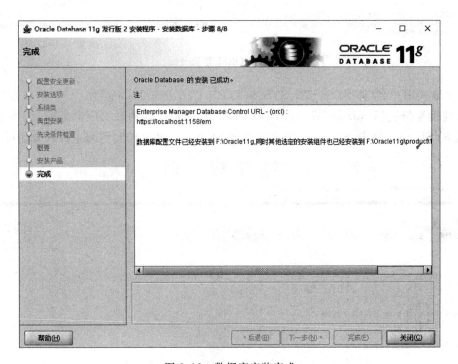

图 2.12　数据库安装完成

2.2　Oracle 11g 的基本操作

本节主要介绍 Oracle 11g 的基本操作，包括如何登录、启动和关闭数据库等。

2.2.1　登录 Oracle 11g 数据库

(1) 不同于以往 Oracle 版本的企业管理器(OEM)，如 Oracle9i 提供的是 C/S 架构的企业管理器,Oracle 11g 提供的是 B/S 架构的企业管理器,通过网页就可以访问企业管理器,这与我们现代办公环境更为吻合。在浏览器中输入网址 https://localhost:1158/em,打开如图 2.13 所示的 OEM 登录页面。

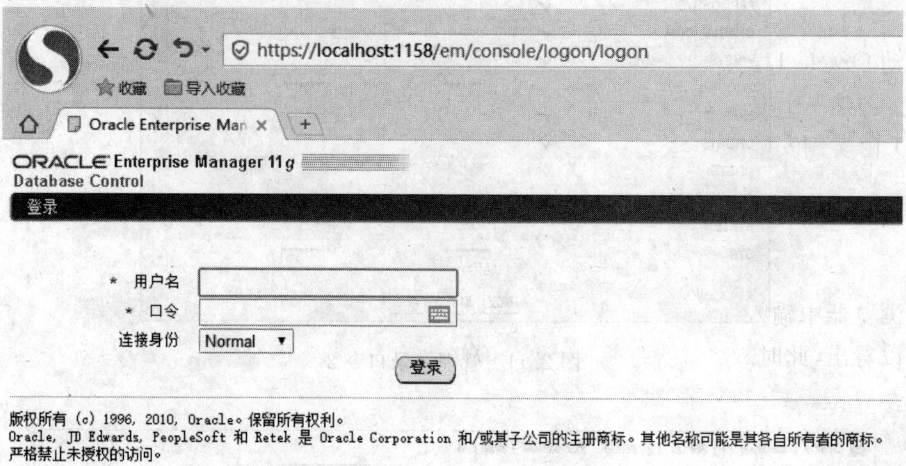

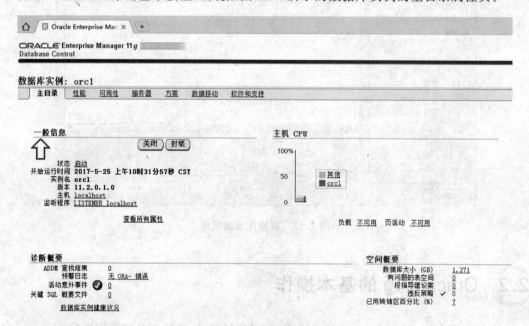

图 2.13   OEM 登录页面

(2) 输入用户名(如 SYSTEM、SYS、SCOTT)以及相应的口令(图 2.11 中设置的登录口令),连接身份选择 Normal 或 SYSDBA 两者之一(若要启动和关闭数据库,则连接身份必须是 SYSDBA),单击登录按钮,出现如图 2.14 所示的数据库实例的主目录属性页。

图 2.14   数据库实例的主目录属性页

- Normal:以只读形式打开数据库,不能修改数据库的结构和数据。
- SYSDBA:打开数据库,可以执行数据库的所有操作。

至此,完成了登录数据库的工作。

另外,也可以从 Oracle 11g 提供的 SQL ＊Plus 工具中登录数据库。

2.2.2 启动 Oracle 11g 数据库

启动 Oracle 11g 数据库的过程包括三步:

(1) 创建一个 Oracle 实例。

(2) 由实例安装数据库。

(3) 打开数据库。

这三步被隐藏在后台,对用户来说是透明的,用户只需在启动选项中选取相应参数配置即可。

在浏览器中输入网址 https://localhost:1158/em,打开如图 2.15 所示的 OEM 登录页面。可以看出,此时数据库是关闭状态,单击"启动"按钮,打开如图 2.16 所示的"请指定主机和目录数据库身份证明"页面。

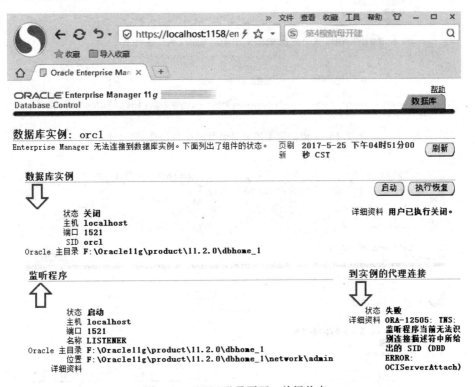

图 2.15 OEM 登录页面—关闭状态

用户需要拥有管理员的权限才能关闭数据库实例,包括主机操作系统的管理员以及当前数据库实例的 SYSDBA 用户。输入完成后单击"确定"按钮,打开如图 2.17 所示的"启动/关闭:确认"页面。

单击"高级选项"按钮,打开如图 2.18 所示启动数据库的"高级选项"页面,可以选择启动数据库的方式。单击"是"按钮,开始打开数据库,即完成了启动数据库的工作。

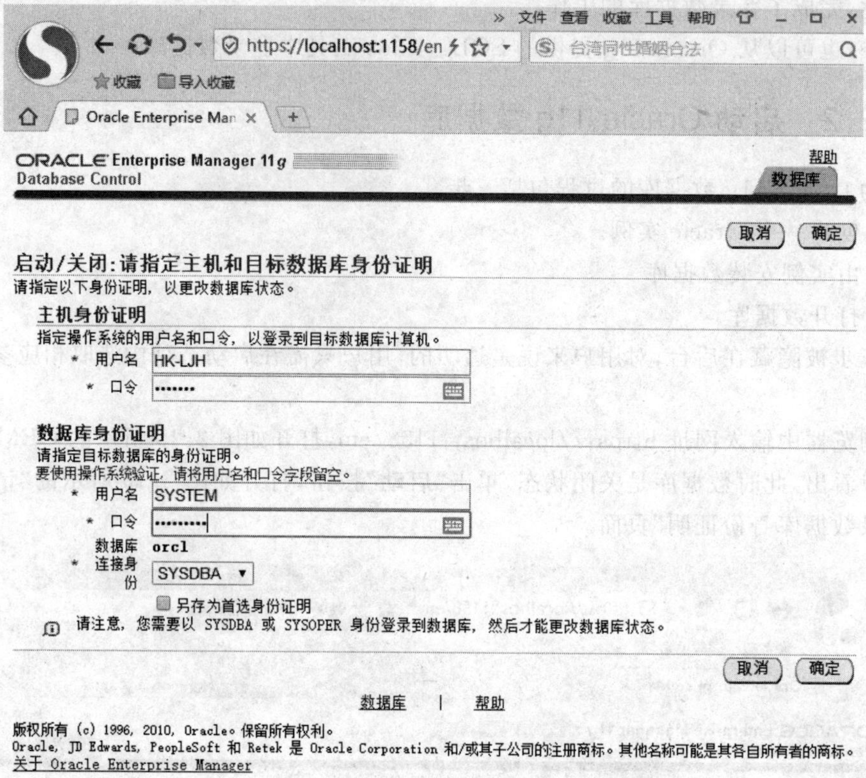

图 2.16 "请指定主机和目录数据库身份证明"页面

图 2.17 "启动/关闭：确认"页面

2.2.3 关闭 Oracle 11g 数据库

关闭 Oracle 11g 数据库的操作步骤如下：

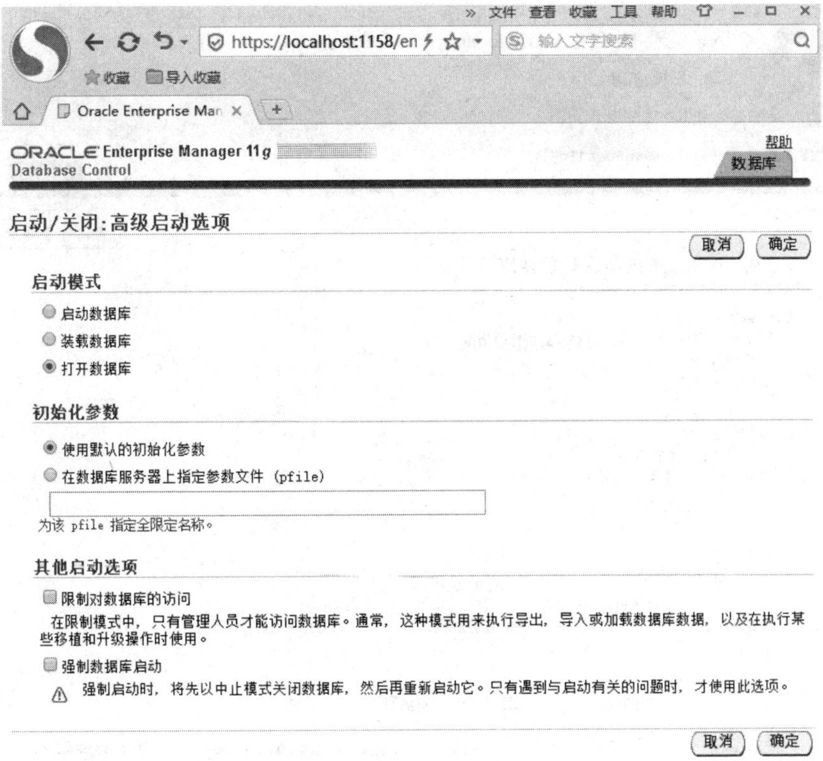

图 2.18 启动数据库的"高级选项"页面

在数据库处于打开状态时登录到 OEM,打开如图 2.19 所示的 OEM 登录页面。可以看出,此时数据库是启动状态,单击"关闭"按钮,打开如图 2.20 所示的"请指定主机和目录数据库身份证明"页面。

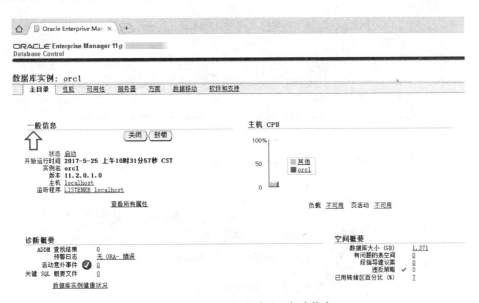

图 2.19 OEM 登录页面—启动状态

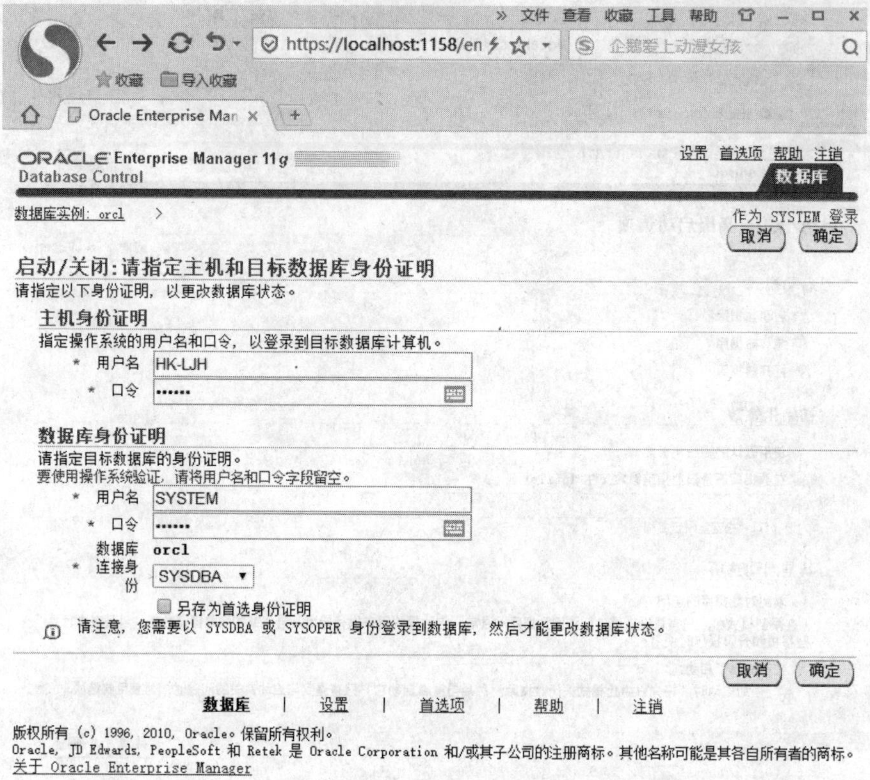

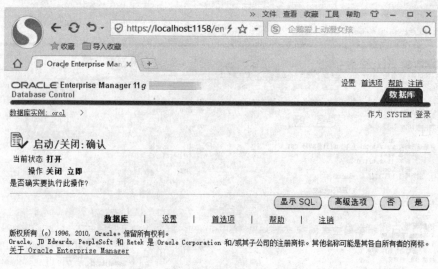

图 2.20 "请指定主机和目标数据库身份证明"页面

用户需要拥有管理员的权限才能关闭数据库实例，包括主机操作系统的管理员以及当前数据库实例的 SYSDBA 用户。输入完成后单击"确定"按钮，打开如图 2.21 所示的"启动/关闭：确认"页面。

图 2.21 "启动/关闭：确认"页面

单击"高级选项"按钮,打开如图 2.22 所示关闭数据库的"高级选项"页面,可以选择关闭数据库的方式。单击"是"按钮,打开如图 2.23 所示数据库关闭的页面,开始关闭数据库,即完成了关闭数据库的工作。

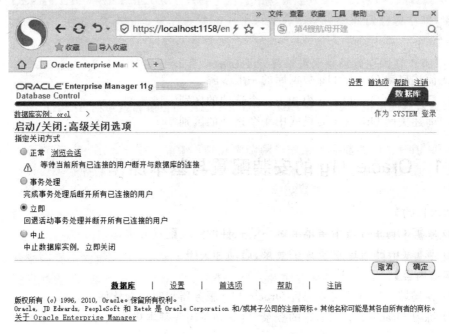

图 2.22　关闭数据库的"高级选项"页面

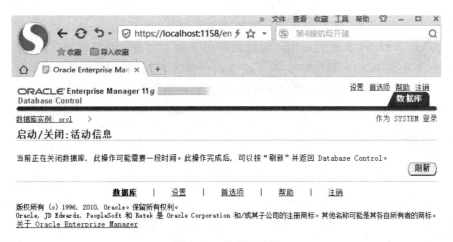

图 2.23　数据库关闭

2.3　小结

本章主要介绍了 Oracle 11g 服务器和客户端的安装配置方法以及登录、启动、关闭 Oracle 11g 数据库等基本操作。

Oracle 11g 的正确安装和合理配置是学习和掌握 Oracle 11g 的前提。

登录 Oracle 11g 数据库可以是一般的身份,但启动和关闭 Oracle 11g 数据库必须是 SYSDBA 身份。

习题 2

（1）简述启动 Oracle 11g 数据库的一般步骤。

（2）简述启动 Oracle 11g 模式中三个选项的区别。

（3）简述关闭 Oracle 11g 模式中 4 个选项的区别。

实验 1　Oracle 11g 的安装配置与基本操作

【实验目的】

（1）掌握 Oracle 11g 服务器和客户端软件的安装配置方法。

（2）掌握 Oracle 11g 数据库的登录、启动和关闭。

【实验内容】

（1）在局域网环境下安装配置 Oracle 11g 服务器和客户端软件。

（2）练习 Oracle 11g 数据库的登录、启动和关闭等基本操作。

第3章 PL/SQL编程

PL/SQL 是 Oracle 11g 在标准 SQL 基础上扩展的一种过程化数据库编程语言,既具有标准 SQL 语言的简洁性,又具有过程语言的灵活性,体现了 Oracle 11g 数据库的特点。另外,PL/SQL 是经过编译后执行的,所以执行速度快于 SQL 语句,并减少了服务器和客户端之间的网络传输,提高了数据库系统的效率。

本章学习目标:

(1) PL/SQL 基础。

(2) PL/SQL 控制结构。

(3) 游标。

(4) SQL * Plus/Worksheet 的使用。

3.1 PL/SQL 基础

语法规则是构成任何程序设计语言的基石,PL/SQL 也不例外。本节主要讨论 PL/SQL 语句块、变量、常用数据类型、表达式和运算符。

3.1.1 PL/SQL 语句块

PL/SQL 是一种结构化的语言,其程序结构的基本单位是"块(Block)",组成程序的块可以顺序出现,也可以相互嵌套,每个块执行程序的一个独立功能。PL/SQL 语句块分为匿名(Anonymous)块和命名(Named)块两种。匿名块是动态生成的,它只能执行一次;而命名块是具有名字的语句块,如存储在数据库内部的过程、函数、包和触发器等,可以执行多次。

PL/SQL 语句块一般包含三个部分:声明部分、执行部分和异常处理部分。其中,执行部分是必需的,其他两个部分是可选的。定义 PL/SQL 语句块的语法如下:

```
DECLARE
    声明部分              /* 主要声明变量、常量、用户定义的数据类型和游标等 */
BEGIN
    执行部分              /* 包含各种合法的 PL/SQL 语句 */
EXCEPTION
    异常处理部分          /* 当程序出现错误时执行该部分语句 */
END;                     /* 程序块结束 */
```

上面语法中各参数描述如下：

- 声明部分：声明 PL/SQL 中使用的变量、常量、游标和自定义类型。
- 执行部分：必须部分，描述了语句块所要完成的处理工作，可以使用 SQL 语句和过程性语句。
- 异常处理部分：对错误进行处理。如果没有发生错误，该部分中的代码将不会被执行。
- 关键字 DECLARE、BEGIN、EXCEPTION、END 对各个部分进行界定，最后的分号也是必不可少的。

例 3.1　定义一个 PL/SQL 语句块。

```
set serveroutput on;
declare
    l_text varchar2(100);
begin
    l_text: = 'Hello,World!';
    dbms_output.put_line(l_text);
exception
    when others then
        dbms_output.put_line('引发了一个异常!');
        raise;
end;
```

3.1.2　PL/SQL 变量

PL/SQL 变量是可以存储数据的内存单元，其内容随着程序的运行可以发生变化。PL/SQL 借助于变量可以与数据库进行通信，来自数据库中的信息可以赋给变量，而变量中的内容也可以被插入到数据库中。

变量在 PL/SQL 语句块的声明部分被声明。每一个变量都有一个特定的类型，该类型描述了可以在该变量中存储的数据类型（3.1.3 节将讨论数据类型）。变量的命名规则如下：

(1) 必须以字母开头，其后可跟随一个或多个字母、数字、货币符号、下画线和 ♯ 字符。

(2) 变量的最大长度是 30 个字符。

(3) 变量名中不能有空格。

PL/SQL 语句块的声明部分声明变量（或常量）的语法如下：

变量名 [CONSTANT] **数据类型** [DEFAULT 值|NOT NULL: = 值];

注意：*每一行只能声明一个变量；声明一个常量要加上关键字 CONSTANT，而且必须初始化，初始化后常量值就不能更改了。*

例如，下面都是合法的变量声明：

```
DECLARE
  Sno VARCHAR2(6);
  Sage NUMBER(2) NOT Null: = 18;
  Date_Of_Today DATE NOT Null: = sysdate;
```

Sclass CHAR(20) NOT Null: = '计算机科学与技术 41';

3.1.3 PL/SQL 常用数据类型

除了支持 SQL 标准的数据类型外,Oracle 11g 还为 PL/SQL 提供了一些特殊的数据类型。其中常用的数据类型有以下几种。

1. 字符类型

字符类型用来存储字符数据,常用的字符类型有 CHAR、VARCHAR2、NCHAR、NVARCHAR2、LONG、LONG RAW 和 RAW 等。

1) CHAR[(L[CHAR|BYTE])]

存储定长字符串。其中可选项 L(默认值为 1)是变量的长度,CHAR 和 BYTE 分别用来指定 L 是以字符还是字节为单位(默认为 CHAR)。一个字符可以包括一个或多个字节,这取决于系统的字符集设置。CHAR 变量的最大长度是 32 767 字节,CHAR 数据库表列的最大长度是 2000 字节。

2) VARCHAR2(L[CHAR|BYTE])

存储变长字符串。VARCHAR2 变量的最大长度是 32 767 字节,VARCHAR2 数据库表列的最大长度是 4000 字节。VARCHAR2 还有两个子类型:STRING 和 VARCHAR,它们有着与 VARCHAR2 相同的范围,使用它们主要是为了与 ANSI/ISO 类型相兼容,建议使用 VARCHAR2。

3) NCHAR[(L)]和 NVARCHAR2[(L)]

存储定长和变长国际字符集数据,取值范围分别与 CHAR 和 VARCHAR2 相同,但 NCHAR 和 NVARCHAR2 中的 L 始终是按字符指定的。

4) LONG、LONG RAW 和 RAW(L)

LONG 变量存储变长字符串,这点与 LONG 数据库表列不同。LONG 变量的最大长度是 32 760 字节(比 VARCHAR2 变量少了 7 字节),LONG 数据库表列的最大长度是 2^{31} 字节。

LONG RAW 的精度与 LONG 相同,但 LONG RAW 存储的是二进制数据或字节字符串。

RAW 的精度与 CHAR 相同,但 RAW 存储的是二进制数据或字节字符串。

2. 数值类型

数值类型用来存储整数、实数和浮点数,常用的数值类型有 NUMBER、PLS_INTEGER 和 BINARY_INTEGER。

1) NUMBER[(P,S)]

存储整数或浮点数。其中 P 是精度(指数值中所有数字的个数),S 是刻度(指小数点右边数字的个数),S 取负数表示由小数点开始向左计算数字的个数。P 和 S 都是可选的,但是如果指定了刻度,则必须指定精度。表 3.1 给出了不同的精度和刻度组合及其含义(舍取时要四舍五入)。

表 3.1　不同数值类型的精度和刻度组合及含义

声　　明	赋　　值	存　储　值
NUMBER	1234.5678	1234.5678
NUMBER(3)	123	123
NUMBER(3)	1234	错误,超过精度
NUMBER(4,3)	123.4567	错误,超过精度
NUMBER(4,3)	1.234 567	1.235
NUMBER(7,2)	12 345.67	12 345.67
NUMBER(3,−3)	1234	1000
NUMBER(3,−1)	1234	1230

NUMBER 有许多子类型：DEC、DECIMAL、DOUBLE PRECISION、FLOAT、INTEGER、INT、NUMERIC、REAL、SMALLINT 等。

2) PLS_INTEGER

存储有符号整数,精度范围是 $-2^{31} \sim 2^{31}$,但数据库表列不能存储 PLS_INTEGER 数据。与 NUMBER 相比,PLS_INTEGER 占用较少的存储空间,并且可以直接进行算术运算(而 NUMBER 必须先转变成二进制才能进行算术运算)。PLS_INTEGER 进行运算发生溢出时会触发异常。

3) BINARY_INTEGER

存储类型与精度和 PLS_INTEGER 相似,但操作比 PLS_INTEGER 要慢,且运算发生溢出时,如果指派给一个 NUMBER 变量就不会触发异常。

3. 日期/时间类型

日期/时间类型用来存储日期、时间和时间间隔,常用的日期/时间类型有 DATE、TIMESTAMP 和 INTERVAL。

1) DATE

存储日期和时间数据,包括世纪、年、月、日、小时、分和秒(但不存储秒的小数部分),默认格式为 DD-MON-YY。DATE 数据占用 7 个字节,每个部分占一个字节。函数 SYSDATE 返回系统当前日期和时间。有效的日期和时间范围是公元前 4712 年 1 月 1 日~公元 9999 年 12 月 31 日。

2) TIMESTAMP[(P)]

存储年、月、日、小时、分和秒,但还可存储秒的小数部分。其中 P 是秒小数部分的精度,范围是 0~9,默认值是 6。

3) TIMESTAMP[(P)] WITH TIME ZONE

TIMESTAMP 类型的扩展,包含时区偏移(当地时间和格林威治时间的差异)。

例如,以下脚本可以用来显示系统当前日期、时间及时区偏移。

```
DECLARE
  V_TIME TIMESTAMP(3) WITH TIME ZONE;
BEGIN
  SELECT SYSDATE INTO V_TIME FROM DUAL;
```

```
    DBMS_OUTPUT.PUT_LINE(V_TIME);
END;
```

4) INTERVAL YEAR[(P)] TO MONTH

存储年和月之间的时间间隔。其中 P 指定年的数字位数,范围是 0~4,默认值是 2。

例如,以下脚本可以用来定义一个存储年和月之间时间间隔的变量 LIFETIME。

```
DECLARE
    LIFETIME INTERVAL YEAR(3) TO MONTH: = '100 - 6';
```

5) INTERVAL DAY[(P1)] TO SECOND[(P2)]

存储天数、小时、分钟和秒之间的时间间隔。其中 P1、P2 分别指定天和秒的数字位数,范围为 0~9,默认值分别是 2 和 6。

4. Boolean 类型

Boolean 类型变量可以存储 TRUE、FALSE 和 NULL。

5. LOB 类型

LOB 类型存储最大尺寸不超过 4GB 的无结构数据块(如文本、图像、声音、视频等),常用的 LOB 类型有 BFILE、BLOB、CLOB 和 NCLOB。

1) BFILE

在数据库外的操作系统文件中存储大型的二进制文件,每个 BFILE 变量存储一个文件定位器(包含一个路径别名来指定一个完整路径),用来指向服务器上的大型二进制文件。

2) BLOB

在数据库内存储大型的二进制对象,每个 BLOB 对象存储一个定位器,指向大型的二进制对象。

3) CLOB

在数据库内存储大型的字符型数据,每个 CLOB 对象存储一个定位器,指向大型的字符型数据。

4) NCLOB

在数据库内存储大型的 NCHAR 类型数据,每个 NCLOB 对象存储一个定位器,指向大型的 NCHAR 类型数据。

6. 自定义子类型

每个 PL/SQL 基类型(如上述数据类型)指定了一组值和一组适应该类型操作的约定,子类型不是一个新类型,而是基类型的候选名称,有着与基类型同样的操作约定。

自定义子类型的语法是:

```
SUBTYPE 子类型名 IS 基类型[NOT NULL];
```

例如,以下脚本定义了一个子类型 MYTYPE 和 MYTYPE 类型的变量 MYTEXT。

```
DECLARE
    SUBTYPE MYTYPE IS VARCHAR2(6);
    MYTEXT MYTYPE;
```

7. 记录类型

记录是 PL/SQL 中的一个复合类型,前面所讲述的都是标量类型。标量类型的内部没有可以单独操纵的元素,它与数据库表列的数据类型一般是一致的,而复合类型的内部含有可以单独操纵的元素。

记录类似于数据库表列的集合,表的 %ROWTYPE 属性实质上就是一种记录类型。

1) 记录类型

PL/SQL 记录类型类似于 C 语言中的结构体,声明记录类型的语法如下:

```
DECLARE
   TYPE 记录名 IS RECORD (
      字段名 1 [NOT NULL][: = 值],
      …
      字段名 n [NOT NULL][: = 值]);
```

2) %TYPE

PL/SQL 变量可用来处理数据库表中的数据,该变量必须拥有与数据库表列相同的类型。例如,要定义与 system. student 表中 Sname 列(类型为 VARCHAR2(6))相同类型的变量 studentname 可以声明如下:

```
DECLARE
studentname VARCHAR2(6);
```

但是,如果 Sname 列的类型发生了改变,则 studentname 变量必须重新定义,这是十分耗时和容易出错的。解决的办法是使用数据库表列的 %TYPE 属性,它对应着数据库表列的数据类型。例如:

```
DECLARE
   studentname system. student. Sname % TYPE;
```

表示变量 studentname 的数据类型是基于表 system. student 中 Sname 列的数据类型。如果 Sname 列的定义改变了,则 studentname 的数据类型也随之改变。

3) %ROWTYPE

实际应用中,经常要将 PL/SQL 中的一个记录类型声明为对应于一个数据库表的数据行,如果该表有若干列,则声明记录时就需要若干行,这样的记录声明非常烦琐。为此,PL/SQL 提供了 %ROWTYPE 运算符,使得上述操作较为方便。例如,要定义一个与表 system. student 数据行相同的记录变量 V_student 可以声明如下:

```
DECLARE
   V_student system. student % ROWTYPE;
```

表示记录变量 V_student 是基于表 system. student 数据行的数据类型。如果表定义改变了,则记录变量 V_student 也随之改变。

3.1.4　PL/SQL 运算符

PL/SQL 运算符用来给变量赋值及对操作数进行处理。PL/SQL 常用的运算符有:

1. 赋值运算符

赋值运算符(:=)的作用是将赋值运算符右边表达式的值赋给其左边的变量。

2. 算术运算符

用于进行加、减、乘、除、乘方等算术运算,包括加(+)、减(-)、乘(*)、除(/)、乘方(**)。

3. 关系运算符

用于将一个表达式与另一个表达式进行比较,包括等于(=)、不等于(<>或!=)、大于(>)、小于(<)、大于等于(>=)、小于等于(<=)、介于(BETWEEN…AND)、测试(IN)、模糊匹配(LIKE)、是否非空(IS NULL)。

4. 逻辑运算符

用于对两个布尔表达式进行逻辑运算,包括逻辑与(AND)、逻辑或(OR)、逻辑非(NOT)。

5. 字符串连接运算符

字符串连接运算符(||)用于将两个字符串连接起来。

3.1.5 PL/SQL 表达式

PL/SQL 表达式由操作数和运算符构成,操作数可以是一个变量、常量或函数,组成表达式的操作数和运算符一起决定了该表达式的类型(字符、数值、日期、布尔等)。表达式可出现在赋值运算符的右边或者作为一个 PL/SQL 语句的一部分。

3.2 PL/SQL 控制结构

PL/SQL 的控制结构包括顺序、选择、NULL 和循环 4 种结构。除了顺序结构外,PL/SQL 主要通过选择、NULL 和循环结构来控制和改变程序执行的逻辑顺序,从而实现复杂的运算或控制功能。此外,PL/SQL 还提供 GOTO 转移语句。

3.2.1 顺序结构

顺序结构就是按照语句出现的先后顺序执行,这与任何过程化的语言相同。

3.2.2 选择结构

PL/SQL 中常用的选择结构有以下两种形式:

1. IF 语句

语法:

```
IF 条件 1 THEN 语句 1;
[ELSIF 条件 2 THEN 语句 2;]
…
[ELSE 语句 n + 1;]
END IF;
```

2. CASE 语句

语法:

```
CASE 条件选择器
    WHEN 值 1 THEN 语句 1;
    …
    WHEN 值 n THEN 语句 n;
    [ELSE 语句 n + 1;]
END CASE;
```

例 3.2   根据城市的名称查找在该城市的代理人的名称,使用 DBMS_OUTPUT. PUT_LINE 函数输出结果。

```
SET SERVEROUTPUT ON;
DECLARE
    CITY VARCHAR2(6): = '南昌';
BEGIN
    CASE CITY
        WHEN '扬州' THEN DBMS_OUTPUT.PUT_LINE('老朱');
        WHEN '徐州' THEN DBMS_OUTPUT.PUT_LINE('老纪');
        WHEN '唐山' THEN DBMS_OUTPUT.PUT_LINE('老单');
        WHEN '南昌' THEN DBMS_OUTPUT.PUT_LINE('小蔡');
        ELSE DBMS_OUTPUT.PUT_LINE('无此代理');
    END CASE;
END;
```

3.2.3   NULL 结构

NULL 结构也称为空结构,显式地指明不进行任何操作,程序如下:

```
SET SERVEROUTPUT ON;
DECLARE
    V_Marks Number;
    V_Pass Number: = 0;
BEGIN
    If V_Marks < 60 THEN NULL;
    ELSE V_Pass: = V_Pass + 1;
    END IF;
END;
```

3.2.4   循环结构

PL/SQL 中常用的循环结构有以下三种形式:

1. LOOP-EXIT(EXIT WHEN)-END LOOP

语法:

```
LOOP
循环体
END LOOP;
```

这种循环结构简称 LOOP 循环,终止条件通过在循环体中加入 EXIT 或 EXIT WHEN 来实现。

例 3.3 使用 LOOP 循环输出 1~10 的数值。

```
SET SERVEROUTPUT ON;
DECLARE
  NUM BINARY_INTEGER: = 1;
BEGIN
  LOOP
    DBMS_OUTPUT.PUT_LINE(NUM);
    NUM: = NUM + 1;
    IF NUM > 10 THEN EXIT;
    END IF;
  END LOOP;
END;
```

本程序使用 EXIT 终止循环。也可以使用 EXIT WHEN 来终止循环,程序如下:

```
SET SERVEROUTPUT ON;
DECLARE
  NUM BINARY_INTEGER: = 1;
BEGIN
  LOOP
    DBMS_OUTPUT.PUT_LINE(NUM);
    NUM: = NUM + 1;
    EXIT WHEN NUM > 10;
  END LOOP;
END;
```

2. WHILE-LOOP-END LOOP

语法:

```
WHILE 条件 LOOP
循环体
END LOOP;
```

这种循环结构简称为 WHILE 循环,表示当条件成立时执行循环体,条件不成立时退出循环。

例 3.4 使用 WHILE 循环输出 1~10 的数值。

```
SET SERVEROUTPUT ON;
```

```
DECLARE
  NUM BINARY_INTEGER: = 1;
BEGIN
  WHILE NUM < = 10 LOOP
    DBMS_OUTPUT.PUT_LINE(NUM);
    NUM: = NUM + 1;
  END LOOP;
END;
```

3. FOR-IN-LOOP-END LOOP

语法:

FOR 循环变量 IN [REVERSE] **初值 … 终值** LOOP
循环体
END LOOP;

这种循环结构简称为 FOR 循环。执行过程是首先将循环变量赋以初值,若未超过终值,则执行循环体。每次循环后循环变量自动加 1,如果未超过终值,则继续执行循环体,直至循环变量超过终值时退出循环。如果使用关键字 REVERSE,则每次循环后循环变量自动减 1。

例 3.5 使用 FOR 循环输出 1～10 的数值。

```
SET SERVEROUTPUT ON;
DECLARE
  NUM BINARY_INTEGER;
BEGIN
  FOR NUM IN 1..10 LOOP
    DBMS_OUTPUT.PUT_LINE(NUM);
  END LOOP;
END;
```

3.2.5 GOTO 语句

GOTO 语句是一条无条件转移语句,能够实现程序从一处无条件转移到由标签所标识的语句。语法是:

```
GOTO << label >>;
```

其中,Label 是定义的标签,用双尖括号括起来。

GOTO 语句一般使用从一个 PL/SQL 语句块中跳到一个错误处理程序来引发异常。程序中过多地使用 GOTO 语句将导致流程复杂,这种结构性较差的代码是很难被理解和维护的,因此 PL/SQL 提倡尽量不要使用 GOTO 语句,PL/SQL 还禁止使用 GOTO 语句从外层跳转到内层语句、循环体、IF 语句和 CASE 语句中。

例 3.6 使用 GOTO 语句输出 1～10 的数值。

```
SET SERVEROUTPUT ON;
DECLARE
```

```
    NUM BINARY_INTEGER: = 1;
BEGIN
  LOOP
    DBMS_OUTPUT.PUT_LINE(NUM);
    NUM: = NUM + 1;
    IF NUM > 10 THEN GOTO label1;
    END IF;
  END LOOP;
  << label1 >> NULL;
END;
```

3.3 游标

游标(Cursor)是 Oracle 11g 的一种内存结构,用来存放 SQL 语句或程序执行后的结果。游标使用 SELECT 语句从基表或视图中取出数据并放入内存,最初游标指向查询结果的首部,随着游标的推进就可以访问相应的记录。

游标分为显式和隐式两种。前者需要用户定义,需要时打开,使用完后关闭;后者则完全是自动的,不需要用户干预。

3.3.1 显式游标

PL/SQL 中处理显式游标需经过 4 个步骤:
(1) 声明游标。
(2) 打开游标。
(3) 推进游标。
(4) 关闭游标。

1. 声明游标

显式游标要在 PL/SQL 语句块的声明部分中定义,语法如下:

CURSOR 游标名 IS SELECT 语句;

注意:该 SELECT 语句不应包含 INTO 子句。例如,"CURSOR MYCURSOR IS select * from system.student;"表示声明了一个游标 MYCURSOR。

2. 打开游标

语法如下:

OPEN 游标名;

这里的游标名必须事先声明过,如 OPEN MYCURSOR;。

3. 推进游标

推进游标是指从游标中取出游标当前所指的数据行,然后使游标指针指向下一个数据行。语法是：

> FETCH 游标名 INTO 变量列表；或 FETCH 游标名 INTO 记录变量名；

注意：游标指针只能向下移动，不能回退。使用 FETCH 语句之前，必须先打开游标。

4. 关闭游标

当完成游标的处理后应释放与游标相关的资源。语法是：

> CLOSE 游标名；

注意：游标一旦关闭，再使用它来检索数据就是非法的。关闭一个已经关闭的游标也是非法的。

3.3.2　隐式游标

Oracle 11g 为每个不属于显式游标的 SQL DML 语句都创建了一个隐式游标。由于隐式游标没有名称，所以它也称为 SQL 游标。与显式游标不同，不能对一个隐式游标显式地执行 OPEN、FETCH 和 CLOSE 语句。Oracle 11g 隐式地打开、处理和关闭 SQL 游标。

如 Oracle 11g 为下列 SQL 语句隐式地创建了一个游标：

> UPDATE SYSTEM. STUDENT SET SAGE = SAGE + 1；

和显式游标一样，隐式游标也有下述 4 个属性，引用方法只要在属性前加上 SQL 即可。

3.3.3　游标的属性

游标的属性并非返回一个类型，而是返回可以在表达式中使用的值。游标有 4 个属性：%FOUND、%NOTFOUND、%ISOPEN 和%ROWCOUNT。

1. %FOUND

若当前 FETCH 语句成功取出一行数据，则%FOUND 返回 TRUE；否则返回 FALSE。该属性可以用来判断是否应关闭游标，在循环结构中常用该属性决定循环的结束。

2. %NOTFOUND

与%FOUND 的意义正好相反。

3. %ISOPEN

当游标已经打开且尚未关闭时，%ISOPEN 返回 TRUE。该属性可以用来判断游标的状态。

4. %ROWCOUNT

%ROWCOUNT 返回游标已检索的数据行个数。

例 3.7 使用游标从 system. student 表中选取所有学生的学号和姓名。

```
SET SERVEROUTPUT ON;
DECLARE
    CURSOR MYCURSOR IS SELECT Sno,Sname FROM system. student;
    V_sno system. student. sno % TYPE;
    V_sname system. student. sname % TYPE;
BEGIN
    OPEN MYCURSOR;
    FETCH MYCURSOR INTO V_sno,V_sname;
    LOOP
        IF MYCURSOR % FOUND THEN
        DBMS_OUTPUT.PUT_LINE(TO_CHAR(MYCURSOR % ROWCOUNT)||TO_CHAR(V_sno)||TO_CHAR(V_sname));
        FETCH MYCURSOR INTO V_sno,V_sname;
        ELSIF MYCURSOR % NOTFOUND THEN EXIT;
        END IF;
    END LOOP;
    IF MYCURSOR % ISOPEN THEN CLOSE MYCURSOR;
    END IF;
END;
```

3.3.4 带参数的游标

参数化游标根据参数的不同选取的数据行也不同,从而达到动态使用的目的。

例 3.8 使用带参数的游标,根据输入的姓名从 system. student 表中选取相应学生的学号和姓名。

```
SET SERVEROUTPUT ON;
DECLARE
    CURSOR MYCURSOR(p_name system. student. sname % TYPE) IS
        SELECT Sno,Sname FROM system. student WHERE sname = p_name;
    V_sno system. student. sno % TYPE;
    V_sname system. student. sname % TYPE;
BEGIN
    OPEN MYCURSOR('李军 ');
    FETCH MYCURSOR INTO V_sno,V_sname;
    LOOP
        IF MYCURSOR % FOUND THEN
            DBMS_OUTPUT.PUT_LINE(TO_CHAR(V_sno)||TO_CHAR(V_sname));
            FETCH MYCURSOR INTO V_sno,V_sname;
        ELSIF MYCURSOR % NOTFOUND THEN EXIT;
        END IF;
    END LOOP;
    CLOSE MYCURSOR;
END;
```

3.4　SQL＊Plus/Worksheet 的使用

Oracle 11g 提供了程序运行、调试环境和图形化的代码自动生成环境及诊断分析手段，其中最常用的编程环境是 SQL＊Plus 和 SQL＊Plus Worksheet。

3.4.1　SQL＊Plus

SQL＊Plus 是一个命令行工具，用于编写 PL/SQL 程序、实现数据的处理等。

1. 启动 SQL＊Plus

（1）选择"开始"→"所有程序"→Oracle-OraDb11g_ Home1→SQL Plus 命令，如图 3.1 所示。

（2）系统出现如图 3.2 所示的"登录"页面，输入用户名后（如 system）会在下一行显示输入口令（第 2 章图 2.11 中设置的登录口令）。

（3）输入口令后（口令是隐藏状态），按 Enter 确认，出现如图 3.3 所示的 SQL＊Plus 的工作窗口。

该工作窗口中显示了 SQL＊Plus 的版本、启动时间、版权信息以及与服务器建立连接的提示信息，可进行 PL/SQL 程序的编辑。

图 3.1　启动 SQL＊Plus

图 3.2　SQL＊Plus 的"登录"

2. PL/SQL 程序的输入和执行

SQL＊Plus 工作窗口中的 SQL>称为 SQL 提示符，其后可以输入并执行 PL/SQL 程

图 3.3　SQL ＊Plus 的工作窗口

序,执行方式有立即命令和程序文件两种。前者是指输入 PL/SQL 程序后立即执行;后者是指输入 PL/SQL 程序后将其保存为一个文件(扩展名通常为 sql),以后需要执行时加载该文件即可执行。

PL/SQL 程序的执行命令有以下 4 种方式:

(1) 在命令行最后或最后一行输入";"号。

(2) 在 SQL 提示符后输入"/"号。

(3) 在 SQL 提示符后输入 RUN 或 R。

(4) 在 SQL 提示符后输入 Start/@.sql 文件。

3. SQL ＊Plus 常用命令

1) 行编辑命令

SQL ＊Plus 工作窗口是一个行编辑环境,有一个内存区域存储了在窗口中刚刚执行完的命令,这个内存区域称为缓冲区。缓冲区是可以编辑、修改或再次运行的。SQL ＊Plus 提供了一组行编辑命令(也称为缓冲区操作命令)。常用的行编辑命令如表 3.2 所示。

表 3.2　SQL ＊Plus 常用的行编辑命令

命　　令	功　　能
A[PPEND] text	将文本 text 的内容附加在当前行的末尾
C[HANGE] /old/new	将旧文本 old 替换为新文本 new 的内容
C[HANGE] /text/	删除当前行中 text 指定的内容
CL[EAR] BUFF[ER]	删除 SQL 缓冲区中的所有命令行
DEL	删除当前行
DEL n	删除 n 指定的行
DEL m n	删除 m 行到 n 行之间的所有命令行
I[NPUT]	在当前行后插入任意数量的命令行

命　令	功　能
I[NPUT]text	在当前行后插入一行 text 指定的命令行
L[IST]	列出 SQL 缓冲区中所有的行
L[IST] n	列出 SQL 缓冲区中指定的第 n 行
L[IST] m n	列出 m 行到 n 行之间的所有命令行
R[UN]或/	显示并运行缓冲区中当前命令
n	指定第 n 行为当前行
n text	用 text 文本的内容替代第 n 行

2) 文件操作命令

实际应用中,经常需要将缓冲区的内容写入磁盘或将磁盘上的文件调入缓冲区再次执行。为此,SQL * Plus 提供了一些常用的文件操作命令。SQL * Plus 中不直接支持对文件的编辑,但它可以调用系统的默认编辑器(Windows 平台上的记事本)。常用的文件操作命令如表 3.3 所示。

表 3.3　SQL * Plus 常用的文件操作命令

命　令	功　能
SAVE filename [replace|append]	将缓冲区中的内容保存到指定文件,默认扩展名为 .sql
GET filename	将文件的内容调入缓冲区,默认的文件扩展名是 .sql
START/@ filename	运行 filename 指定的命令文件
EDIT	调用默认的编辑器,对当前缓冲区中的内容进行编辑
EDIT filename	调用默认的编辑器,对指定的文件内容进行编辑
SPOOL filename	把查询结果放到文件中
EXIT/QUIT	退出 SQL * Plus 环境

3) 环境变量设置命令

SQL * Plus 中的 SET 命令可以设置环境变量,语法是:

SET　环境变量　值;

常用的环境变量有:

* SET NUMFORMAT:后面接数字格式(如 $99 999),设置查询结果中数字显示的默认格式。
* SET PAGESIZE:后面接数字,设置每页的行数。默认值为 14。
* SET LINESIZE:后面接数字,设置每行的字符数。默认值为 80。
* SET PAUSE:后面接 ON,设置在每页的开始处停止,按 Enter 键后继续滚动。
* SET SERVEROUT[PUT] ON|OFF [SIZE n]:PL/SQL 本身没有输入或输出的功能,只有将 SQL * Plus 与 DBMS_OUTPUT 包集成在一起才能向屏幕输出信息。设置为 ON 后可以使用 DBMS_OUTPUT.PUT_LINE 函数进行输出,SIZE 为输出缓冲的字节数,默认值为 2000。

例 3.9　以下脚本可在屏幕上显示一个字符串和系统当前日期,运行结果如图 3.4 所示。

```
SET SERVEROUTPUT ON;
BEGIN
  DBMS_OUTPUT.PUT_LINE('Hello,world!');
  DBMS_OUTPUT.PUT_LINE('Today is:'||TO_CHAR(SYSDATE,'DD_MM_YYYY'));
END;
```

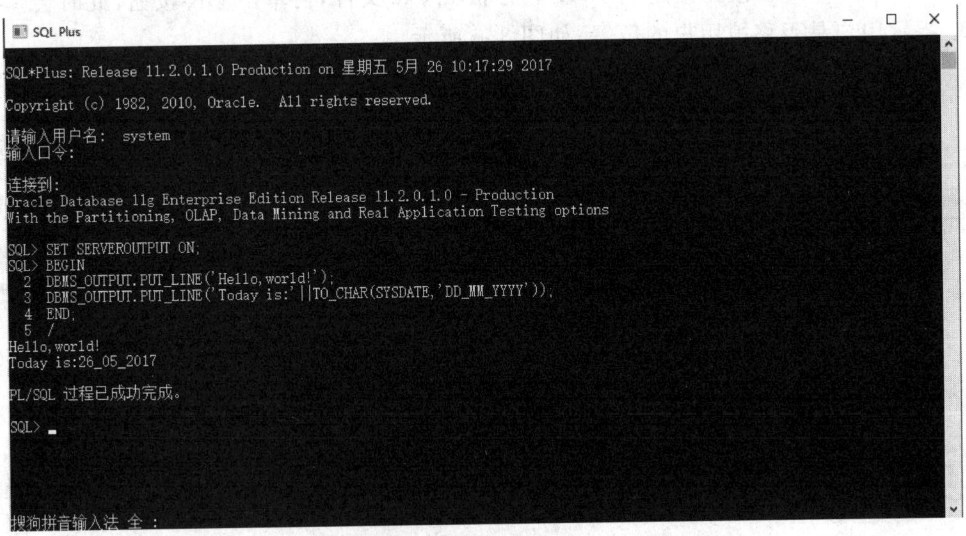

图 3.4 例 3.9 的运行结果

- SET AUTO[COMMIT] ON|OFF|IMM[EDIATE]|N：设置 Oracle 11g 何时提交数据库的修改。为 ON 时表示执行每个成功的 INSERT、DELETE、UPDATE 命令或 PL/SQL 块后自动提交，为 OFF 时表示需要手动提交，为 IMM[EDIATE]时与 ON 相似，为 N 时表示成功执行了 N 次的 INSERT、DELETE、UPDATE 命令或 PL/SQL 块后自动提交。
- DESC[RIBE]：显示数据库对象的结构信息。例如，"DESCRIBE 表名;"会显示包括构成该表各字段的名称及类型、长度及是否非空等信息。

4. 关闭 SQL * Plus

使用完 SQL * Plus 后，一定要正确关闭，确保会话使用的数据库资源释放，以便其他用户访问。关闭 SQL * Plus 有两种方法：

(1) 关闭 SQL * Plus 工作窗口。

(2) 在 SQL 提示符后输入并执行 Exit 或 Quit 命令。

3.4.2 SQL Developer

SQL * Plus 是初学者的首选工具，而对于商业应用的开发，则需要一款高效率的生产工具。Oracle SQL Developer(SQL Developer)是基于 Oracle RDBMS 环境的一款功能强大、页面非常直观且容易使用的开发工具。

1. 启动 SQL Developer

（1）选择"开始"→"所有程序"→Oracle-OraDb11g_Home1→SQL Developer 命令，第一次打开时需要指定随 Oracle 一起安装的 JDK 的位置，如图 3.5 所示。

（2）单击 Browse 按钮指定到 JDK 下的 java.exe 文件，再单击 OK 按钮，此时会弹出对话框，提示用户是否移植用户的位置，如图 3.6 所示。

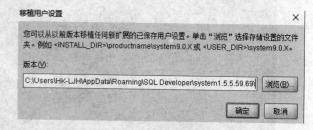

图 3.5　指定 JDK 的位置 　　　　　　　图 3.6　移植用户设置

（3）单击"确定"按钮加载完成之后，将打开 SQL Developer 的主页面，如图 3.7 所示。

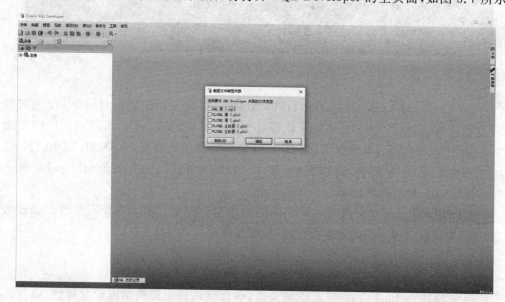

图 3.7　启动 SQL Developer

2. 使用 SQL Developer 工作窗口

使用 SQL Developer 管理 Oracle 数据库时，首先需要连接到 Oracle，连接时需要指定登录账户、登录密码、端口和实例名等信息。具体操作步骤如下：

（1）选择"开始"→"所有程序"→Oracle-OraDb11g_Home1→SQL Developer 命令，打开 SQL Developer 工具的主页面，如图 3.8 所示。

（2）从左侧的"连接"窗格下右击"连接"结点，从弹出的快捷菜单中选择"新建连接"命令，在弹出的对话框中创建一个新连接。

图 3.8 SQL Developer 主页面

（3）在"连接名"文本框中为连接指定一个别名，并在"用户名"和"口令"文本框中指定该连接使用的用户名和口令，选中保存口令复选框来记住口令。

（4）在"角色"下拉列表框中可以指定连接时的身份为 default 或 sysdba，这里保持默认值 default。

（5）在"主机名"文本框中指定 Oracle 数据库所在的计算机名称，本机可以输入 localhost。在"端口"文本框中指定 Oracle 数据库的端口，默认为 1521。

（6）选择 SID 单选按钮，并在后面的文本框中输入 Oracle 的 SID 名称，如 ORCL。

（7）以上信息设置完成后，单击"测试"按钮进行连接测试，如果通过，将会显示"成功"，如图 3-9 所示。

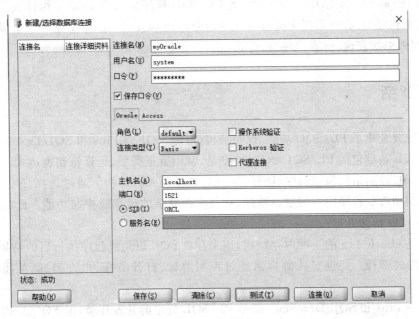

图 3.9 设置连接信息

（8）单击"保存"按钮保存连接，再单击"连接"按钮连接到 Oracle。此时连接窗格中多出一个刚才创建的连接名称，展开该连接可以查看 Oracle 中的各种数据库对象，在右侧可以编辑 SQL 语句，如图 3-10 所示。

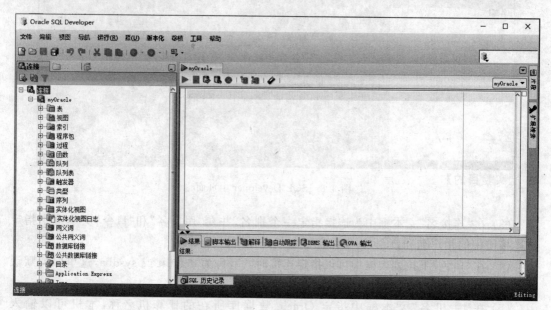

图 3.10　具体连接信息

3.4.3　SQL Developer 与 SQL ＊Plus 的比较

SQL Developer 和 SQL ＊Plus 都是 PL/SQL 程序的开发环境。相比而言，SQL ＊Plus 是行编辑环境，有一系列支持行编辑的命令。而 SQL Developer 是一个全屏幕编辑环境，使用起来更加直观、简洁、方便和高效。

3.5　小结

本章主要介绍了 PL/SQL 基础、控制结构、游标、SQL ＊Plus 和 SQL Developer。

PL/SQL 基础包括 PL/SQL 语句块、变量、常用数据类型、运算符和表达式。

PL/SQL 控制结构包括顺序、选择、NULL 和循环 4 种结构。通过选择、NULL 和循环结构来控制和改变程序执行的逻辑顺序，从而实现复杂的运算或控制功能。此外，PL/SQL 还提供 GOTO 转移语句。

游标是 Oracle 11g 的一种内存结构，用来存放 SQL 语句或程序执行后的结果。游标分为显式和隐式两种。处理显式游标需经过声明游标、打开游标、推进游标、关闭游标 4 个步骤。

SQL ＊Plus 和 SQL Developer 都是 PL/SQL 程序的开发环境，但 SQL ＊Plus 是行编辑环境，而 SQL Developer 是一个全屏幕编辑环境。

由于篇幅关系，PL/SQL 程序中可用的各类内置函数（如字符函数、数值函数、日期函数等),在此不作介绍,请读者参阅相关的其他书籍。

习题 3

(1) 简述 PL/SQL 语句块的分类及构成。

(2) 简述%TYPE 和%ROWTYPE 的使用方法。

(3) 简述 PL/SQL 游标的概念、属性和使用方法。

实验 2　PL/SQL 编程

【实验目的】

(1) 掌握 PL/SQL 基础,包括 PL/SQL 语句块、变量、常用数据类型、运算符和表达式。

(2) 掌握 PL/SQL 控制结构,包括顺序、选择、NULL、循环 4 种结构及 GOTO 语句。

(3) 掌握 PL/SQL 中游标的使用方法。

(4) 掌握 SQL ＊Plus 和 SQL Developer 开发环境的使用方法。

【实验内容】

(1) 编写一个 PL/SQL 程序块,计算 100 以内的奇数和。

(2) 编写一个 PL/SQL 程序块,使用游标对一个数据库表中的数据进行查询和更新。

第4章 Oracle 11g数据库的体系结构

Oracle 11g 数据库的体系结构体现为数据库的逻辑结构、物理结构和实例。逻辑结构包括表空间、段、区和数据块,物理结构包括初始化参数文件、数据文件、控制文件、重做日志文件等,而实例则是一组可以操作数据库的操作系统进程和内存区域。

本章学习目标:

(1) Oracle 11g 数据库的逻辑结构。

(2) Oracle 11g 数据库的物理结构。

(3) Oracle 11g 实例。

4.1 Oracle 11g 数据库的逻辑结构

Oracle 11g 数据库的逻辑结构包括 Oracle 11g 数据库的表空间、段、区和数据块。

4.1.1 表空间

1. 表空间的概念

一个 Oracle 11g 数据库划分为一个或多个逻辑单位,该逻辑单位称为表空间(Tablespace)。表空间是 Oracle 11g 数据库中数据的逻辑组织,在将数据插入到数据库之前必须首先建立表空间,然后将数据插入表空间的一个对象(即表)中。Oracle 11g 是通过段、区、数据块等单位对表空间进行规划的。图 4.1 示意了数据库、表空间、数据文件和数据库对象之间的关系。

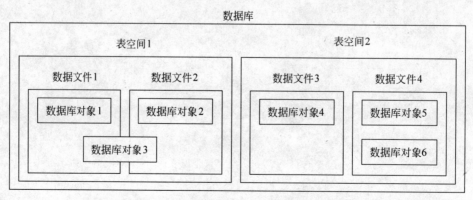

图 4.1　数据库、表空间、数据文件和数据库对象关系图

从物理结构上看,一个表空间由一个或多个数据文件组成,但一个数据文件只能属于一个表空间。任何数据库对象(如表、索引等)都被存储在一个表空间中,但可以存储在多个属于此表空间的数据文件中。

从逻辑结构上看,一个表空间由一个或多个段组成,一个段可以分散在不同的数据文件中,但不能分散在不同的表空间中。段中的空间是以区为单位分配的,一个段可以包含一个或多个区,区必须在一个数据文件中存在。区是由一系列连续的数据块组成的,数据块可由一个或多个操作系统块组成,它是 Oracle 服务器分配、读写操作的最小空间单位。

2. 使用表空间的好处

使用表空间的好处如下:

(1) 将数据字典与用户数据分开,避免因字典对象和用户对象保存在同一数据文件中而产生 I/O 冲突。

(2) 将回滚数据与用户数据分开,避免由于硬盘损坏而导致永久性的数据丢失。

(3) 将表空间的数据文件分散在不同的硬盘上,可以平均分布物理 I/O 操作。

(4) 将某个表空间设置为脱机状态或联机状态,可以对数据库的一部分进行备份和恢复。

(5) 将某个表空间设置为只读状态,可以将数据库的一部分设置为只读。

(6) 为某种特殊用途专门设置一个表空间(如临时表空间),可以优化表空间的使用效率。

3. 表空间的分类

表空间可以分为如下几类:

1) 系统表空间(System Tablespace)

系统表空间是每个 Oracle 11g 数据库所必须的,在创建数据库时自动创建且总是联机的,该表空间包含的数据文件称为系统数据文件。在系统表空间中存放的是诸如系统表空间名称、表空间所含数据文件等管理数据库自身所需的信息。

2) 临时表空间(Temporary Tablespace)

临时表空间用于存放连接查询、索引、排序等操作时产生的临时数据。在一些访问繁忙的数据库中,可能存在多个临时表空间,例如 Temp01、Temp02、Temp03 等。

3) 工具表空间(Tools Tablespace)

工具表空间用于保存数据库工具软件所需的数据库对象,大多数 DBA 都将支持工具运行所需的表放在该表空间中。

4) 用户表空间(User Tablespace)

用户表空间用于存放用户的私有信息,一般是由用户建立,是 DBA 允许用户存放数据库对象的地方。

5) 数据及索引表空间(Data&Index Tablespace)

数据表空间 DATA01、DATA02 等用于存放数据,索引表空间 INDEX01、INDEX02 等用于存放索引信息。

6) 回滚表空间(Rollback Tablespace)

回滚表空间用于存放数据库操作的恢复信息。

4. 表空间的状态

表空间可以有联机和脱机两种状态。

（1）联机表空间中的数据对于应用程序和数据库来说是可用的。如果试图使系统表空间处于脱机状态，Oracle 11g 会返回一个错误。

（2）脱机表空间中的数据对于应用程序和数据库来说是不可用的，不允许用户访问。

4.1.2　段

1. 段的概念

段（Segment）是由一个或多个区组成的逻辑存储单元，段中所有区大小的总和即是此段的大小。每个数据库对象可以用一个段来存储数据。一个段只能从属于一个表空间，但它可以覆盖多个数据文件。

2. 段的分类

Oracle 11g 数据库常使用 5 种段：数据段、索引段、临时段、LOB 段和回滚段。

1）数据段

如果一个数据库有很多的用户并发操作，那么该数据库中表的可伸缩性、可用性是非常重要的。此时表中的数据可以存储在几个不同的区中，每个区就是一个数据段。每个非聚集的表只有一个数据段，表中所有数据存放在该段；而每个聚集就有一个数据段，聚集中每个表数据存储在该段中。

2）索引段

索引段中的索引树存储了关键列的值，目的是可以根据指定的关键列值查找表中行的位置。若某个表有三个索引，则该表使用了三个不同的索引段。

3）临时段

当执行 CREATE INDEX、SELECT DISTINCT、SELECT GROUP BY 等命令时，Oracle 服务器就会在内存中执行排序操作。当排序需要的空间超过了内存中可用空间时，Oracle 服务器将自动从用户默认的临时空间中指派段进行排序，被指派的段称为临时段，它用来存储排序操作的中间结果。一旦操作完毕，临时段的区间便退还给系统。

4）LOB 段

若表中拥有 CLOB、BLOB 或 NCLOB 等大型对象数据类型的列时，可以使用 LOB 段存储相应的 LOB 值。

5）回滚段

事务是一个单元的操作，这些操作要么全做，要么全不做，事务具有原子性、一致性、隔离性和持久性等特点。由事务使用的段称为回滚段，它存储了事务所涉及的回滚信息——数据前像（Before Imagine）。若事务希望撤销所做的操作，可以借助回滚段将数据库恢复到该事务执行前的状态。一个事务只能使用一个回滚段来存放其回滚信息，但一个回滚段可以存放多个事务的回滚信息。

4.1.3 区

区(Extent)也称为区间,是数据库存储空间分配的一个逻辑单位,是表空间内连续分配的相邻的数据块。

4.1.4 数据块

数据块(Block)是数据库中最小的、最基本的存储单元。Oracle 数据块和操作系统块是不同的,操作系统块是操作系统能从磁盘读写的最小单元,Oracle 数据块是 Oracle 能从磁盘读写的最小单元,为了保证存取的速度,Oracle 数据块是操作系统块的整数倍。

4.2 Oracle 11g 数据库的物理结构

从物理结构角度来讲,Oracle 11g 数据库指的是操作系统文件的集合,包括初始化参数文件、数据文件、控制文件和重做日志文件等,这些文件用来存储和管理相关数据。

4.2.1 初始化参数文件

初始化参数文件用于初始化创建的实例,是一个包含配置例程数据的 ASCII 文件。一个数据库包括一个初始化参数文件,名为 init.ora,默认存放在 F:\Oracle 11g\admin\orcl\pfile 下(本机 Oracle 11g 的安装路径在 F:\Oracle 11g 下)。

1. 初始化参数文件的主要内容

(1) 定制数据库使用的内存大小。
(2) 定制数据库实例的回滚段。
(3) 定制数据库使用的控制文件。
(4) 定制数据库使用的联机日志文件。

2. 初始化参数文件的主要参数

初始化参数文件中的参数通常可分为导出参数、操作系统参数和变量参数三种类型。

(1) 导出参数。其值由其他参数计算而得,一般不得更改。如参数 SESSIONS 的默认值由 PROCESSES 计算而得。

(2) 操作系统参数。这类参数依赖于主机的操作系统。如缓冲区的大小参数 DB_BLOCK_SIZE 的默认值由操作系统决定。

(3) 变量参数。有些变量参数不影响系统的性能,如参数 OPEN_CURSORS=300 时,表示当用户进程打开第 301 个游标时出错;而有些变量参数会影响系统的性能,如增加参数 DB_BLOCK_SIZE 的值将会改进系统的性能。

初始化参数文件中的主要参数意义如下:

- instance_name:指定例程名,本例为 test。
- db_name:指定数据库名,本例为 test。

- control_files：指定一个或多个控制文件名，默认为 3，最大 8。
- open_cursors：指定游标的最大个数，本例为 300。
- background_dump_dest：指定实例进程 LGWR、DBWR 写入跟踪文件的路径名。
- processes：指定可同时连接到一个 Oracle 服务器上的操作系统用户进程的最大数量，本例为 150。
- db_block_size：指定一个 Oracle 11g 数据库块的大小，本例为 8192。

3. 查看初始化参数文件

查看初始化参数文件有以下两种方法：

（1）使用记事本等 ASCII 文本编辑工具，打开初始化参数文件如图 4.2 所示。

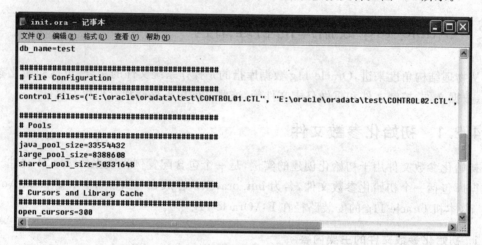

图 4.2　使用记事本查看初始化参数文件

（2）使用 PL/SQL 命令，以下脚本运行结果如图 4.3 所示。

```
show parameters db_block_size;
```

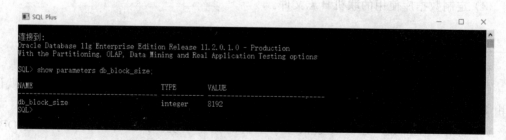

图 4.3　使用 PL/SQL 命令查看初始化参数文件

4.2.2　数据文件

数据文件是存储数据库所有数据的文件，是数据库最基本、最主要的文件，逻辑数据库结构（如表、索引等）的数据物理地存储在数据库的数据文件中。默认情况下数据文件以用户名命名，其后缀名为 DBF。例如，若用户名称是 SYSTEM，则该数据文件的名称是

SYSTEM.DBF；若有多个数据文件，则数据文件的名称是 SYSTEM01.DBF、SYSTEM02.
DBF、SYSTEM03.DBF 等。数据文件包括下列类型的数据：

(1) 表数据。

(2) 索引数据。

(3) 数据字典定义。

(4) 回滚事务所需的信息。

(5) 存储过程、函数和数据包的代码。

(6) 用来排序的临时数据。

4.2.3 控制文件

控制文件记录了数据库名和建立日期、所有数据文件和日志文件的名字和位置等控制信息，用于 Oracle 11g 数据库实例启动时标识数据库和日志文件。一个数据库至少包括两个控制文件，控制文件只能由 Oracle 11g 服务器操作，任何用户（包括 DBA）都不能直接编辑控制文件。若某数据库的所有控制文件都损坏了，则该数据库就不能使用了。控制文件的命名是 CONTROL01.CTL、CONTROL02.CTL、CONTROL03.CTL 等。

控制文件中包括的信息有：

(1) 数据库名。

(2) 表空间信息。

(3) 所有数据文件的名字和位置。

(4) 所有日志文件的名字和位置。

(5) 当前日志序列号。

(6) 检查点信息。

(7) 关于日志和归档的当前状态信息。

4.2.4 重做日志文件

重做日志文件用于收集数据库日志，记录了所有事务对数据所作的修改，出现故障时如果未能将修改数据永久地写入数据文件，则可利用日志得到该修改，所以系统不会丢失已有的操作成果。一组相同的联机重做日志文件集合称为联机重做日志文件组。一个数据库至少包括两个联机重做日志文件组。重做日志文件的命名是 REDO01、REDO02、REDO03等。重做日志文件通常采用循环记录的方式进行运作，其大小、个数和存储位置对数据库性能，尤其是对数据库的备份和恢复具有非常重要的影响。

4.3 Oracle 11g 实例

4.3.1 实例的概念

Oracle 11g 实例由一组操作系统进程和内存区域组成，图 4.4 是 Oracle 11g 实例的组成示意图。一个数据库可以被多个实例访问，每个实例都用 SID（System Identifier，系统标识符)进行标识。

决定实例的参数存储在初始化参数文件中,启动实例时需要读取初始化参数文件,运行实例时可以由 DBA 修改这些参数,但所作的修改只在下一次启动时才生效。

4.3.2 实例的内存结构

实例的内存结构是组成实例的进程进行自身对话或与其他进程进行对话的内存区域。Oracle 11g 使用系统全局区(System Global Area,SGA)和程序全局区(Program Gloabal Area,PGA)两种内存结构。

1. 系统全局区

启动一个 Oracle 11g 实例时,系统便分配一个 SGA。SGA 能被该实例的所有进程共享,它是 Oracle 11g 实例的主要部分。在数据库非安装阶段,创建实例时分配 SGA,关闭实例时释放 SGA。

SGA 主要由共享池、数据库高速缓存区、重做日志缓冲区、Java 程序缓冲区和大块内存池等组成。

1) 共享池

共享池(Shared Pool)是 SGA 中最关键的一块内存区域,用来缓存 PL/SQL 程序单元、SQL 语句的解析版本和执行计划以及数据字典信息等。共享池包括库缓存区和数据字典缓存区,前者存储与 PL/SQL 执行和解析有关的信息,后者存储用于分析 SQL 语句的数据字典信息。

当用户提交一个 SQL 语句时,Oracle 11g 会耗费相对较多的时间对其进行分析(类似于编译),分析完后 Oracle 11g 将分析结果保存在共享池的库缓存区中;当数据库第二次执行该 SQL 语句时,Oracle 11g 自动跳过分析过程,从而减少了系统运行的时间。

共享池的大小取决于初始化参数文件中的 shared_pool_size 参数,以字节为单位。太小的共享池会扼杀性能而使系统停止,太大的共享池会消耗大量的 CPU 时间来管理这个共享池,为此共享池的大小应适中。

2) 数据库高速缓存区

数据库高速缓存区(Database Buffer Cache)是用来存储频繁访问数据的区域,由内存中若干缓存器构成,每个缓存器的大小和数据库块相匹配。高速缓存区中缓存器的数量可由初始化参数文件中的 db_block_buffers 参数设定,这些缓存器是对应所有数据文件中一些被使用到的数据块。数据库的任何修改都在该缓存区里完成,并由数据库书写进程 DBWR 将修改后的数据写入磁盘。

数据库高速缓存区又可分为默认缓冲器池(Default Pool)、保持缓冲器池(Keep Pool)和再生缓冲器池(Recycle Pool)。一般地,对长期保存的频繁访问的模式对象使用保持缓冲器池,对要尽快从内存中排除的模式对象使用再生缓冲器池,频繁扫描的大表经常存入再生缓冲器池。保持和再生缓冲器池的大小由设置初始化参数文件中的 buffer_pool_keep 和 buffer_pool_recycle 参数进行控制,而默认缓冲器池的大小为高速缓存区的大小减去保持缓冲器池和再生缓冲器池后剩余的部分。

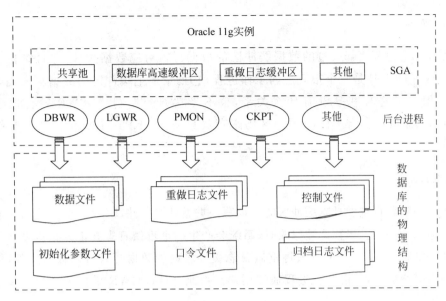

图 4.4 Oracle 11g 实例的组成示意图

3）重做日志缓冲区

事务对数据库的修改在记录到重做日志文件之前必须首先放到重做日志缓冲区（Redo Log Buffer）中。重做日志缓冲区是专为此开辟的一块内存区域，其中的内容将被日志书写进程 LGWR 随时写入重做日志文件。重做日志缓存区是一个循环缓存区，使用时从顶端向底端写入数据，然后再返回到缓冲区的起始点循环写入。重做日志缓冲区的大小（以字节为单位）由初始化参数文件中的 log_buffer 参数决定。

4）Java 程序缓冲区

Oracle 8i 以后的版本在内核中加入了对 Java 的支持，Java 程序缓冲区（Java Pool）就是为 Java 程序保留的，如果不用 Java 程序就没有必要改变该缓冲区的默认大小。

5）大块内存池

大块内存池（Large Pool）的得名不是因为大，而是因为它用来分配比共享池更大的内存。在进行语句并行查询和备份时，往往要使用到大块内存池。

2. 程序全局区

程序全局区（PGA）是单个 Oracle 进程使用的内存区域，它含有单个进程工作时需要的数据和控制信息。PGA 是非共享的，只有进程本身才能够访问它自己的 PGA 区。

4.3.3 实例的进程

Oracle 11g 实例的进程用于提高数据库的性能和可靠性，管理数据库的读写、恢复和监视，允许多个用户共同使用并为这些并发用户提供各种服务。Oracle 11g 实例包括 DBWR（数据库书写进程）、LGWR（日志书写进程）、SMON（系统监视进程）、PMON（进程监视进程）、CKPT（检查点进程）、ARCH（归档进程）、RECO（恢复进程）等进程。

1. DBWR

数据库书写进程将修改过的数据缓冲区的数据写入对应数据文件,并且维护系统内的空缓冲区。DBWR 是一个很底层的工作进程,它批量地把缓冲区的数据写入磁盘。和任何前台用户的进程几乎没有什么关系,也不受它们的控制。DBWR 后台进程在如 DBWR 超时、系统中没有多的空缓冲区用来存放数据和 CKPT 进程触发 DBWR 等主要条件下工作。

2. LGWR

日志书写进程将重做日志缓冲区的数据写入重做日志文件,LGWR 是一个必须和前台用户进程通信的进程。当数据被修改时,系统会产生一个重做日志并记录在重做日志缓冲区内;数据被提交时,LGWR 必须将重做日志缓冲区内的数据写入日志数据文件,然后通知前台进程提交成功,并由前台进程通知用户。由此可见,LGWR 承担了维护系统数据完整性的任务。

3. SMON

系统监视进程主要包含清除临时空间、系统启动时完成系统实例恢复、自动合并数据文件中相邻的自由空间块、从不可用的文件中恢复事务的活动、缩减回滚段和使回滚段脱机等工作。

4. PMON

进程监视进程主要用于清除失败的用户进程,释放用户进程所用的资源。例如 PMON 将回滚未提交的工作、释放锁、释放分配给失败进程的 SGA 资源。

5. CKPT

检查点进程用于同步数据文件、控制文件和日志文件。由于 DBWR/LGWR 的工作原理,有可能造成数据文件、控制文件和日志文件的不一致,这就需要 CKPT 进程来同步。CKPT 进程会更新数据文件和控制文件的头部信息。在初始化参数文件中设置 checkpoint _process 参数为 TRUE,即可启用 CKPT。

6. ARCH

当数据库以归档方式运行时,Oracle 11g 会启动 ARCH 进程,当重做日志文件被写满时,日志文件进行切换,旧的重做日志文件就被 ARCH 进程复制到一个或多个特定的目录或远程机器上,这些被复制的重做日志文件称为归档日志文件。

7. RECO

RECO 进程负责建立与远程服务器的通信,自动解决所有未知的有疑问的分布式事务。

4.4　小结

本章主要讲述了 Oracle 11g 数据库的体系结构,包括逻辑结构、物理结构和实例。

逻辑结构包括 Oracle 11g 数据库的表空间、段、区和数据块。

物理结构包括初始化参数文件、数据文件、控制文件、重做日志文件等。

Oracle 11g 实例由一组操作系统进程和内存区域组成。Oracle 11g 使用两种类型的内存结构,一种是系统全局区,包括共享池、数据库高速缓存区、重做日志缓冲区、Java 程序缓冲区和大块内存池等;另一种是程序全局区,是单个 Oracle 进程使用的内存区域,含有单个进程工作时需要的数据和控制信息,不属于实例的内存结构。

习题 4

(1) 简述 Oracle 11g 数据库的逻辑结构。

(2) 简述 Oracle 11g 数据库的物理结构。

(3) 简述 Oracle 11g 实例的主要进程。

(4) 什么是 SGA? 它由哪几部分组成?

第5章

Oracle 11g数据库的管理

每个Oracle 11g数据库都有一个物理结构和一个逻辑结构。物理结构由构成数据库的操作系统文件所决定；逻辑结构是用户所涉及的数据库结构，包括表空间和数据库对象（表、索引、视图、同义词、序列、簇、过程、函数等）。创建数据库是开发Oracle 11g数据库应用程序的前提，数据库管理（包括对表空间和段的管理）是Oracle 11g的基本工作。

本章学习目标：

（1）掌握使用数据库配置助手创建数据库的方法。

（2）掌握通过视图查看数据库信息的方法。

（3）掌握表空间的管理技术。

（4）掌握段的管理技术。

5.1 管理数据库

Oracle 11g数据库是由操作系统文件组成的，创建数据库的过程就是指定这些数据库文件的过程。Oracle 11g数据库包括初始化参数文件、数据文件、控制文件和重做日志文件等主要文件。

5.1.1 使用数据库配置助手创建数据库

（1）打开Oracle数据库配置助手。选择"开始"→"所有程序"→Oracle-OraDb11g_home1→Database Configuration Assistant命令，如图5.1所示。

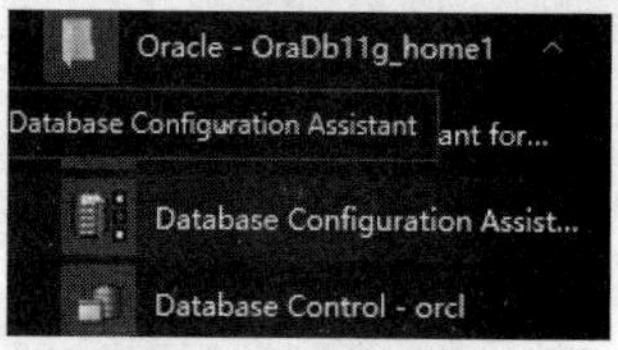

（2）弹出如图5.2所示的数据库配置助手"欢迎使用"页面。

（3）单击"下一步"按钮，弹出如图5.3所示的对话框。

（4）选择"创建数据库"单选按钮，单击"下一步"按钮，弹出如图5.4所示的选择模板创建数据库页面。

图5.1　打开数据库配置助手

（5）选择"一般用途或事务处理"单选按钮，单击"下一步"按钮，弹出如图5.5所示的创建数据库标识页面。

（6）输入全局数据库名为XSCJ，系统标识符SID为XSCJ，单击"下一步"按钮，弹出如图5.6所示的管理选项页面。

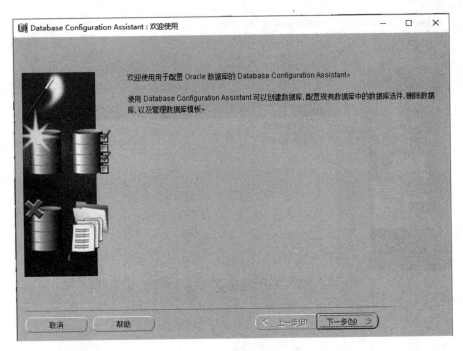

图 5.2 数据库配置助手"欢迎使用"页面

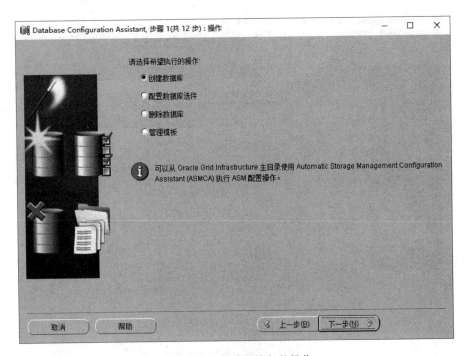

图 5.3 选择希望执行的操作

(7) 单击"下一步"按钮,弹出如图 5.7 所示的数据库身份证明页面,为方便起见,可以选择所有账户使用同一管理口令。

(8) 填写好口令与确认口令后,单击"下一步"按钮,弹出如图 5.8 所示的数据库文件所

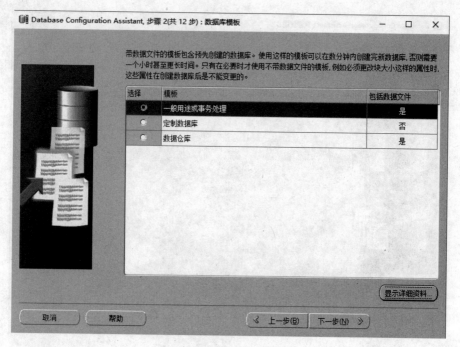

图 5.4　选择模板创建数据库

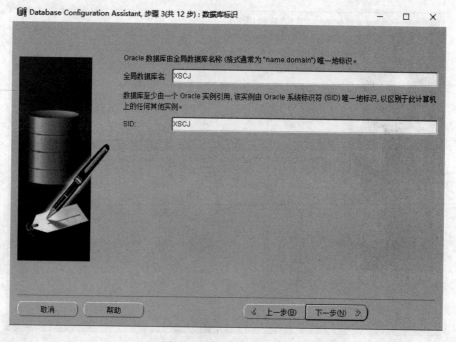

图 5.5　创建数据库标识

在位置页面。

（9）可以选择模板位置，也可以自定义位置，然后单击"下一步"按钮，弹出如图 5.9 所示的恢复配置页面。

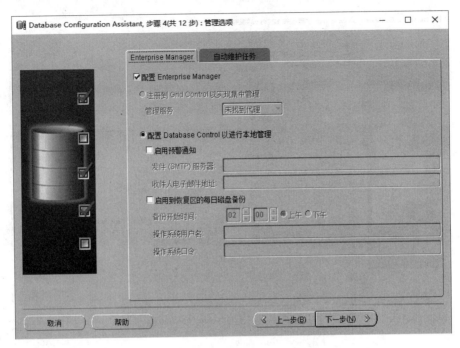

图 5.6 管理选项

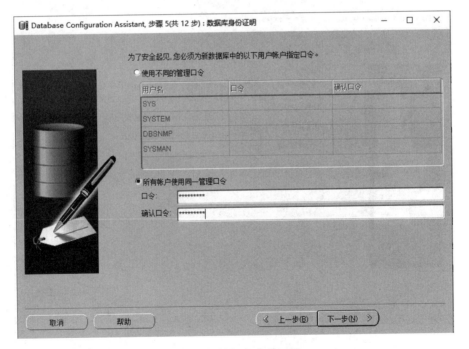

图 5.7 数据库身份证明

（10）单击"下一步"按钮，弹出如图 5.10 所示的数据库内容页面，若需要示例方案，可以选择示例方案。

（11）单击"下一步"按钮，弹出如图 5.11 所示的配置初始化参数页面。

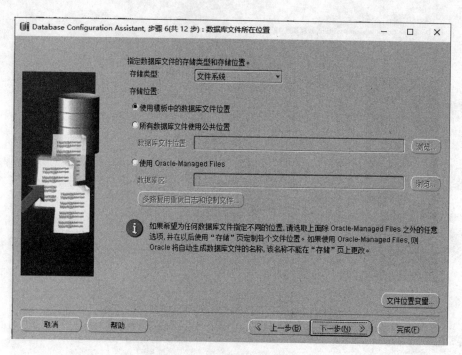

图 5.8　数据库文件所在位置

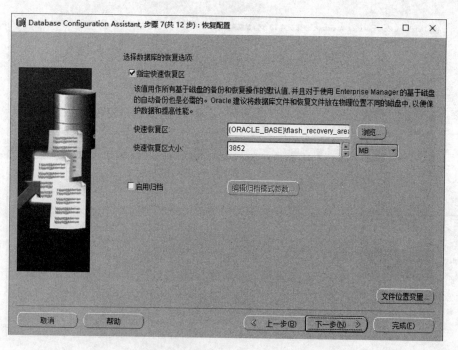

图 5.9　恢复配置

配置初始化参数页面包括 4 个选项卡：

- 内存：可以设置共享池、缓冲区高速缓存的大小、Java 池、PGA 的大小以及物理内存的百分比等。

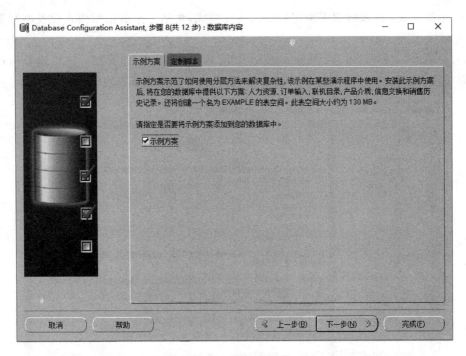

图 5.10 数据库内容

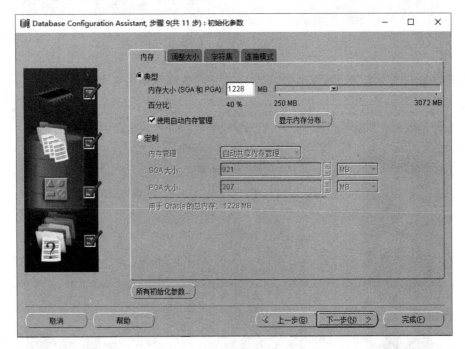

图 5.11 配置初始化参数

- 调整大小：可以调整块大小以及运行的进程数量。
- 字符集：适应不同语言文字显示而设定的选项，一般选择基于本机操作系统的语言设置。

- 连接模式：选择数据库采用的默认操作模式，包括专用数据库模式以及共享服务器模式。

（12）单击"下一步"按钮，弹出如图5.12所示的数据库存储页面。该页面显示树列表和概要视图，允许用户更改并查看控制文件、数据文件和重做日志组等对象。

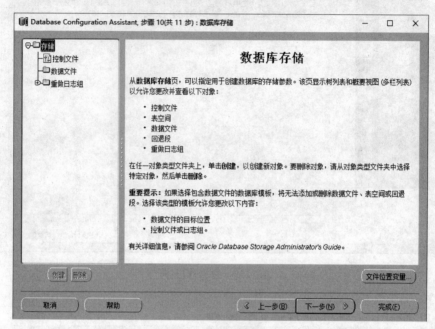

图5.12　数据库存储设置

（13）单击"下一步"按钮，弹出如图5.13所示的数据库创建选项页面。

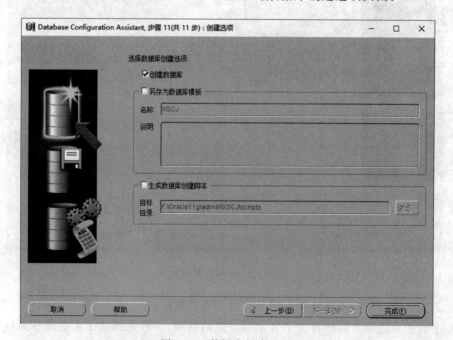

图5.13　数据库创建选项

（14）选择"创建数据库"复选框，单击"完成"按钮即进行数据库的创建。数据库创建完成后弹出如图5.14所示的确认页面，单击"确定"按钮即可。

图5.14　确认页面

5.1.2　查看数据库

1. 查看数据库的 ID、名称、创建日期

V＄DATABASE 视图记录了有关当前数据库的所有信息，以下脚本运行结果如图5.15所示。

```
desc v＄database;
```

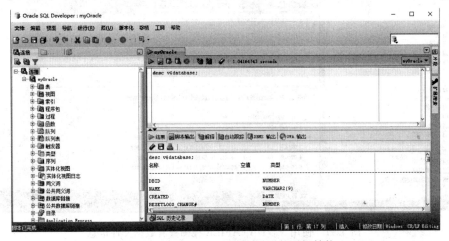

图5.15　V＄DATABASE 视图的逻辑结构

从 V＄DATABASE 视图中可以查看当前数据库的信息,以下脚本运行结果如图 5.16 所示。

```
select dbid,name,created from v＄database;
```

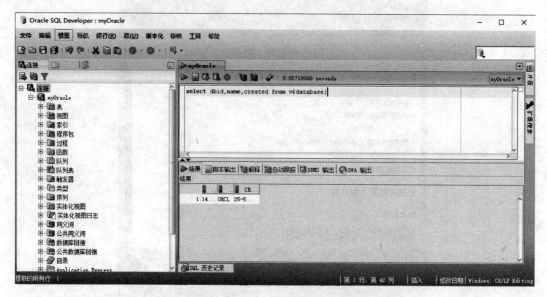

图 5.16　使用 V＄DATABASE 视图查看数据库信息

2. 查看数据文件

V＄DATAFILE 视图记录了数据文件的所有信息,以下脚本运行结果如图 5.17 所示。

```
select creation_time,name from v＄datafile;
```

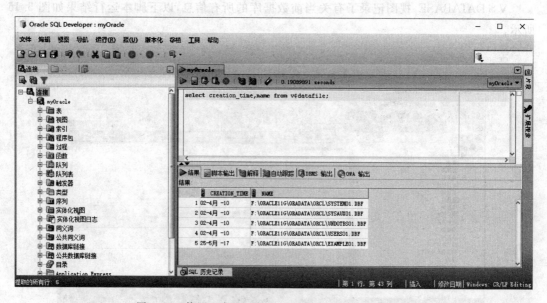

图 5.17　使用 V＄DATAFILE 视图查看数据文件信息

3. 查看控制文件

V＄CONTROLFILE 视图记录了控制文件的所有信息,以下脚本运行结果如图 5.18 所示。

```
select * from v＄controlfile;
```

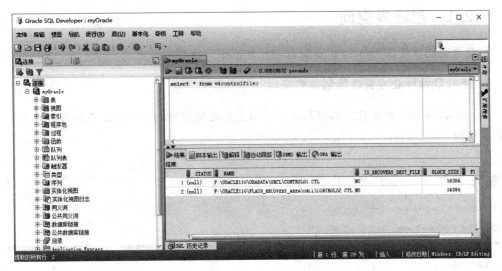

图 5.18　使用 V＄CONTROLFILE 视图查看控制文件信息

4. 查看日志文件

V＄LOGFILE 视图记录了日志文件的所有信息,以下脚本运行结果如图 5.19 所示。

```
select * from v＄logfile;
```

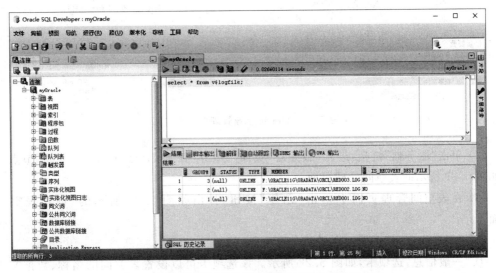

图 5.19　使用 V＄LOGFILE 视图查看日志文件信息

5.2 管理表空间

表空间是 Oracle 11g 数据库中数据的逻辑组织,在将数据插入数据库之前,必须首先建立表空间,然后将数据插入表空间的一个对象(即表)中。

5.2.1 创建表空间

创建表空间有使用 Oracle 企业管理器创建或手工创建两种方式。

1. 使用 Oracle 企业管理器创建表空间

(1) 启动 Oracle 企业管理器,以 system 身份连接数据库,打开如图 5.20 所示的企业管理器主窗口。

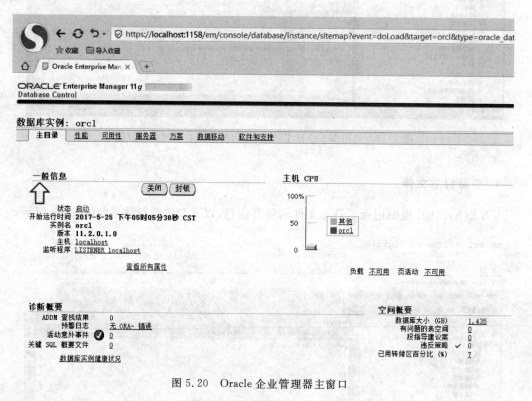

图 5.20　Oracle 企业管理器主窗口

(2) 单击"服务器"链接,进入"服务器"页面。展开"存储"节点,单击"表空间"节点,弹出如图 5.21 所示的表空间管理页面。

(3) 在表空间管理页面中单击"创建"按钮,弹出如图 5.22 所示的"创建表空间"页面。

(4)"创建表空间"页面包含了两个选项卡:

① "一般信息"选项卡,如图 5.22 所示。该选项卡可以设置表空间的名称、数据文件、状态、类型等。

图 5.21　表空间管理页面

- "名称"文本框：输入新建表空间的名称，本例名为 NEW_TABSPACE1。
- "数据文件"选项区域：指定属于表空间的新数据文件的文件名、文件目录和大小。使用"编辑"（铅笔状图标）可对数据文件的属性进行编辑；使用"删除"（垃圾桶状图标）可以移去数据文件。本例取默认值。
- "状态"选项区域：分为"联机"和"脱机"两种状态。前者表示该表空间建立后用户立即可以使用（前提是用户对该表空间已被授权）；后者表示该表空间建立后用户还不能立即使用。本例取默认值（联机）。
- "类型"选项区域：分为"永久"和"临时"两种类型。前者表示该表空间用于存放永久性数据库对象；后者表示该表空间仅用于存放临时对象（如排序段）。本例取默认值（永久）。
② "存储"选项卡，如图 5.23 所示。该选项卡可以设置表空间的存储方式等信息。
- "区分配"选项区域：分为"本地管理"和"在字典中管理"两种方式。前者表示管理各区的表空间在每个数据文件中保留一个位图，以跟踪记录该数据文件中块的空闲状态或使用状态，位图中的每个位对应一个数据块或一组数据块；后者可以为表空间创建的所有对象指定默认存储参数，是 Oracle8.1 版本前可用的唯一方法。两者的区别是使用本地管理，可以避免递归的空间管理操作，能自动跟踪记录临时空闲

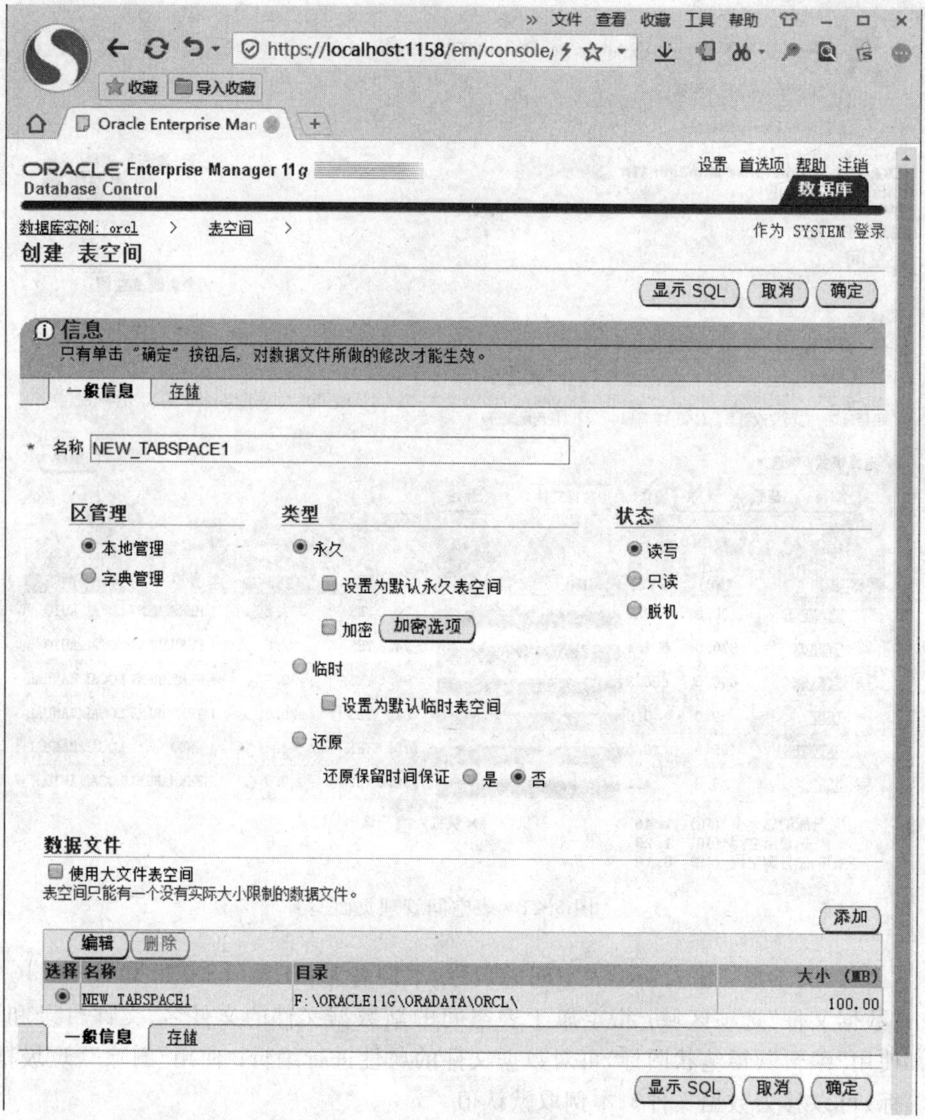

图 5.22　"创建表空间"页面

空间的情况,避免进行空闲区的合并操作。自动表示区的大小由系统自动指定;统一表示区的大小可以手动指定。本例选"本地管理""自动"分配。

- "段空间管理"选项区域:分为"自动"和"手动"两种方式。前者表示表空间中的数据对象可以自动管理空闲空间;后者表示表空间中的数据对象使用空闲列表管理空闲空间。本例取默认值(自动)。
- "启用事件记录"选项区域:分为"是"和"否"两种方式。前者表示生成重做日志并可恢复,该操作时间较长;后者表示不生成重做日志,遇到意外失败时无法恢复,该操作时间较短。本例取默认值(是)。

(5) 单击"创建"按钮,开始表空间的创建操作。表空间创建完成后,将弹出如图 5.24 所示的提示对话框,可以看到多了个新建的表空间 NEW_TABSPACE1。

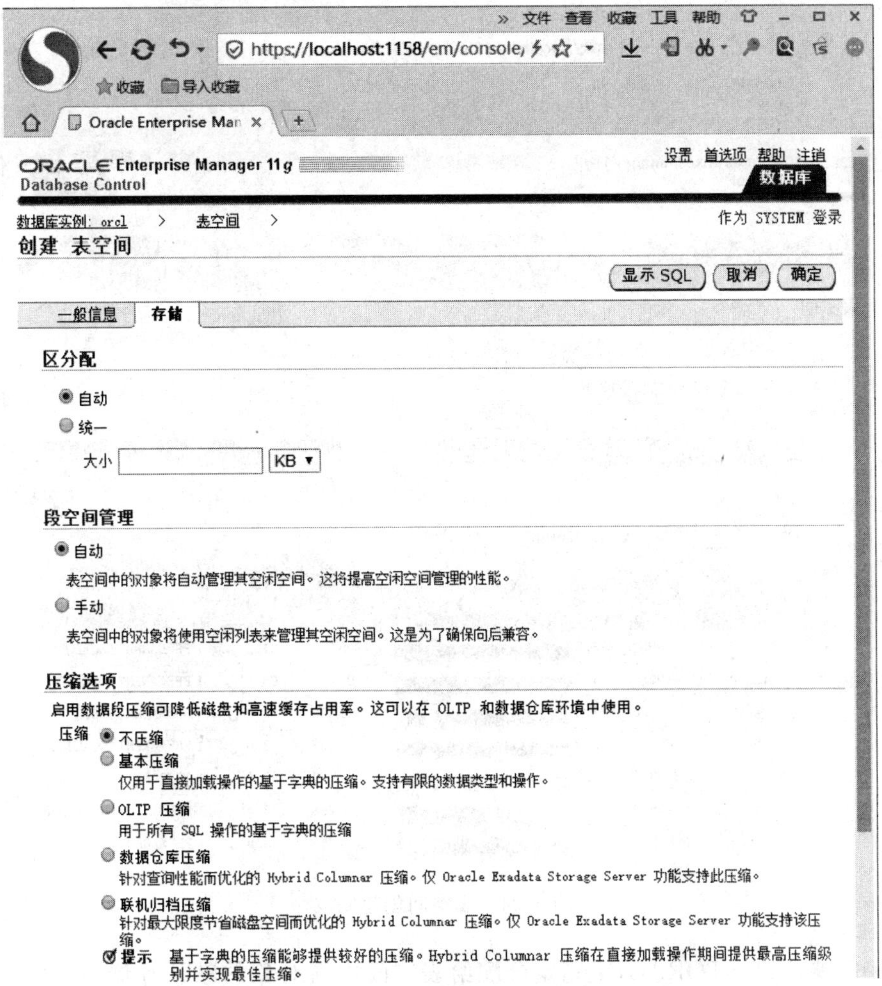

图 5.23 "创建表空间"页面中的"存储"选项卡

2．手工创建表空间

使用 CREATE TABLESPACE 语句。该语句的语法形式如下：

```
CREATE TABLESPACE 表空间名
DATAFILE '文件名1'[SIZE 整数[K|M][REUSE][,其他数据文件说明]
[DEFAULT STORAGE ([INITIAL 整数[K|M]][NEXT 整数[K|M]]
            [MINEXTENTS 整数][MAXEXTENTS 整数|UNLIMITED][PCTINCREASE 整数])]
[ONLINE|OFFLINE]
[PERMANENT|TEMPORARY]
[MANAGEMENT LOCAL|DICTIONARY]
```

上面语法中各参数描述如下：

- 表空间名：指定将要创建的表空间名。
- DATAFILE：指定构成表空间的一个或多个数据文件，REUSE 表示可以重用已经存在的数据文件。

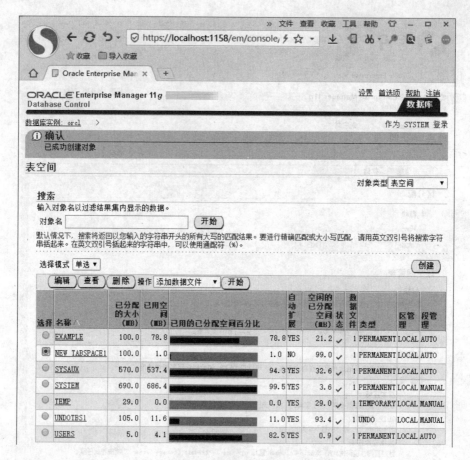

图 5.24　表空间创建完成

- DEFAULT STORAGE：指定分配给表空间中新对象的默认存储参数。INITIAL 指定新对象第一个区的大小；NEXT 指定新对象第二个区的大小；MINEXTENTS 指定分配给新对象区的最小值；MAXEXTENTS 指定分配给新对象区的最大值（可以指定一个整数，也可以用 UNLIMITED）；PCTINCREASE 指定新对象第三个区及随后区的增长值。
- ONLINE|OFFLINE：指定表空间的状态是联机或脱机。
- PERMANENT|TEMPORARY：指定表空间的类型是永久或临时。
- MANAGEMENT LOCAL|DICTIONARY：指定表空间的区管理存储方式是本地管理或在字典中管理。

例 5.1　在 XSCJ 数据库中创建一个名为 NEW_TABSPACE2 的表空间。

```
CREATE TABLESPACE NEW_TABSPACE2
DATAFILE 'E:\Oracle\oradata\XSCJ\new_tabspace2_1.dbf' SIZE 10M REUSE
DEFAULT STORAGE( INITIAL 512K NEXT 512K MINEXTENTS 8 MAXEXTENTS 4096 PCTINCREASE 0)
ONLINE
PERMANECT
MANAGEMENT LOCAL;
```

5.2.2 查看、修改表空间

查看或修改表空间都有两种方式：使用 Oracle 企业管理器或手工查看、修改。

1. 使用 Oracle 企业管理器查看或修改表空间

（1）启动 Oracle 企业管理器，以 system 身份连接数据库。

（2）展开"存储"→"表空间"文件夹，可以看到各表空间的名称、类型、区管理、大小、已使用、利用率等信息。右击表空间 NEW_TABSPACE1，从弹出的快捷菜单中选择"查看/编辑详细资料"命令，弹出表空间编辑对话框，从中可以查看和编辑该表空间的各项特性。

① 查看、增加、删除或修改表空间对应的数据文件属性。

② 查看或修改表空间的状态。

③ 查看或修改表空间的类型。

④ 查看或修改表空间是否启用事件记录。

2. 手工查看、修改表空间

1）查看表空间

表空间的信息存储在 DBA_TABLESPACES、V＄TABLESPACE、DBA_DATA_FILES 和 DBA_FREE_SPACE 等数据字典视图中（各视图的逻辑结构可以使用 desc 视图名命令查看），使用这些视图可以得到相关表空间的信息。

例 5.2 从 DBA_TABLESPACES 视图中查看所有表空间的名称、状态、类型和管理方式，以下脚本运行结果如图 5.25 所示。

```
select tablespace_name,status,contents from dba_tablespaces;
```

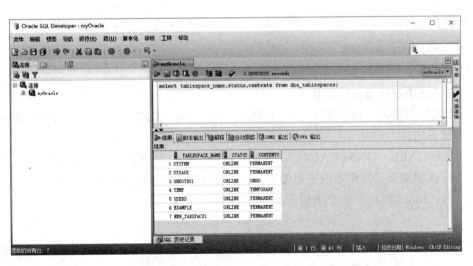

图 5.25 使用 DBA_TABLESPACES 视图查看表空间信息

2）修改表空间

使用 ALTER TABLESPACE 语句，该语句的语法形式如下：

```
ALTER TABLESPACE 表空间名
[RENAME DATAFILE '文件名'TO '文件名']
[ADD DATAFILE 数据文件说明]
[DEFAULT STORAGE 默认存储说明]
[ONLINE|OFFLINE]
[PERMANENT|TEMPORARY]
[BEGIN BACKUP|END BACKUP]
```

上面语法中部分参数描述如下：

- RENAME DATAFILE：对表空间中的数据文件进行重命名。
- ADD DATAFILE：指定向表空间中添加数据文件，表空间在联机或脱机状态下均可添加数据文件，但要求被添加的数据文件不为其他数据库使用。
- BEGIN BACKUP|END BACKUP：前者指定对表空间中的数据文件执行在线备份，备份时不能使表空间脱机，不能关闭实例，不能开始该表空间上的另一个备份；后者表示在线备份完成，只用在备份完成时。

5.2.3 删除表空间

删除表空间有两种方式：使用 Oracle 企业管理器或手工删除。

1. 使用 Oracle 企业管理器删除表空间

（1）启动 Oracle 企业管理器，以 system 身份连接数据库。

（2）展开"存储"→"表空间"文件夹，右击要删除的表空间 NEW_TABSPACE1，从弹出的快捷菜单中选择"移去"命令即可。

2. 手工删除表空间

删除表空间的 PL/SQL 语句是 DROP TABLESPACE。该语句的语法形式如下：

```
DROP TABLESPACE 表空间名
[INCLUDING CONTENTS[CASCADE CONSTRAINTS]];
```

上面语法中部分参数描述如下：

- INCLUDING CONTENTS：当删除包含有任何数据库对象的表空间时，必须指定该子句。
- CASCADE CONSTRAINTS：删除其他表空间中表的引用完整性约束，这些约束是对被删除表空间中表的主码的引用。若忽略该选项，当这样的引用完整性约束存在时，Oracle 将返回一个出错信息，不能删除该表空间。

5.3 管理段

5.3.1 创建段

使用 CREATE SEGMENT 语句。该语句的语法形式如下：

```
CREATE SEGMENT 段名 TABLESPACE 表空间名
[STORAGE ([INITIAL 整数[K|M]] [NEXT 整数[K|M]]
        [MINEXTENTS 整数] [MAXEXTENTS 整数|UNLIMITED] [PCTINCREASE 整数])]
[ONLINE|OFFLINE];
```

例 5.3 创建一个回滚段。

```
CREATE ROLLBACK SEGMENT RBS001 TABLESPACE RBS
STORAGE (INITIAL 1M NEXT 1M MINEXTENTS 5 MAXEXTENTS 10 OPTIMAL 6M);
```

上述语句中 OPTIMAL 参数表示当回滚段增长超过其指定值(本例为 6M)时,若没有当前活动事务,Oracle 将自动回收超过的部分。回滚段生成后为脱机状态。

5.3.2 查看和修改段

1. 查看段

段的信息存储在 DBA_SEGMENTS、ALL_SEGMENTS 和 USER_SEGMENTS 等数据字典视图中(各视图的逻辑结构可以使用 desc 视图名命令查看),使用这些视图可以查看相关段的信息。

例 5.4 从 USER_SEGMENTS 视图中查看用户段的信息,以下脚本运行结果如图 5.26 所示。

```
select segment_name,segment_type from user_segments;
```

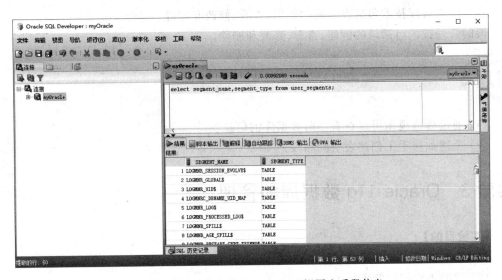

图 5.26 使用 USER_SEGMENTS 视图查看段信息

2. 修改段

修改段的语法是:

```
ALTER SEGMENT 段名[DEFAULT STORAGE 默认存储说明] [ONLINE|OFFLINE];
```

例 5.5　修改回滚段 RBS001,使其处于联机状态。

```
ALTER ROLLBACK SEGMENT RBS001 ONLINE;
```

5.3.3　删除段

删除段的 PL/SQL 语句是 DROP SEGMENT。该语句的语法形式如下:

```
DROP SEGMENT 段名;
```

例 5.6　删除回滚段 RBS001。

```
ALTER ROLLBACK SEGMENT RBS001 OFFLINE;      /* 删除回滚段时必须先使其脱机 */
DROP ROLLBACK SEGMENT RBS001;
```

5.4　小结

本章介绍了利用数据库配置助手创建 Oracle 11g 数据库的方法以及表空间、段的管理技术。

Oracle 11g 数据库是由操作系统文件组成的,创建数据库的过程就是指定初始化参数文件、数据文件、控制文件和重做日志文件等主要文件的过程。Oracle 11g 数据库的管理技术包括创建、查看数据库。

表空间的管理技术包括表空间的创建、查看、修改和删除。

段的管理技术包括段的创建、查看、修改和删除。

习题 5

(1) 通过哪些视图可以查看当前数据库的信息?
(2) 简述如何手工创建表空间和段。

实验 3　Oracle 11g 数据库的管理

【实验目的】
(1) 掌握数据库的管理技术。
(2) 掌握表空间的管理技术。
(3) 掌握段的管理技术。

【实验内容】
(1) 使用数据库配置助手创建数据库 XSCJ。
(2) 使用手工方法创建、查看、修改和删除 XSCJ 数据库中的一个表空间。
(3) 使用手工方法创建、查看、修改和删除 XSCJ 数据库中的一个段。

第6章

Oracle 11g数据库对象的管理

Oracle 11g 数据库中的表空间实质上是一个文件夹,所有的数据库对象(如表、索引、视图、同义词、序列、簇、过程、函数、包等)逻辑地存储在数据库的一个表空间中,各对象中的数据物理地包含在表空间的一个或多个数据文件中。每个数据库对象存储了应用程序的数据,并且允许完成应用程序的功能。

本章学习目标:

(1) 掌握表的管理技术。

(2) 掌握索引的管理技术。

(3) 掌握视图的管理技术。

(4) 掌握同义词和序列的管理技术。

(5) 掌握簇的管理技术。

(6) 掌握过程、函数和包的管理技术。

6.1 管理表

6.1.1 表的概念

表(Table)是 Oracle 11g 数据库中的主要对象,是数据库中数据存储的基本单位,存储着与应用程序相关的一些信息。每个表是具有一个表名和若干列的集合,每列有一个列名、数据类型、宽度或精度、比例,每行是对应单个记录的列信息的集合。Oracle 11g 的表分为永久表和临时表。永久表即数据库表,是在表创建后就自动存储在数据库中,直到显示删除为止;临时表存储在内存中,机器重启时将自动删除。本章主要讨论永久表的管理。

6.1.2 创建表

创建表有两种方式:使用 Oracle 企业管理器或手工创建。

1. 使用 Oracle 企业管理器创建表

(1) 启动 Oracle 企业管理器,以 system 身份连接数据库,展开"方案"→"数据库对象"节点,单击"表",打开如图 6.1 所示的页面。

(2) 单击"创建"按钮,打开如图 6.2 所示的页面。

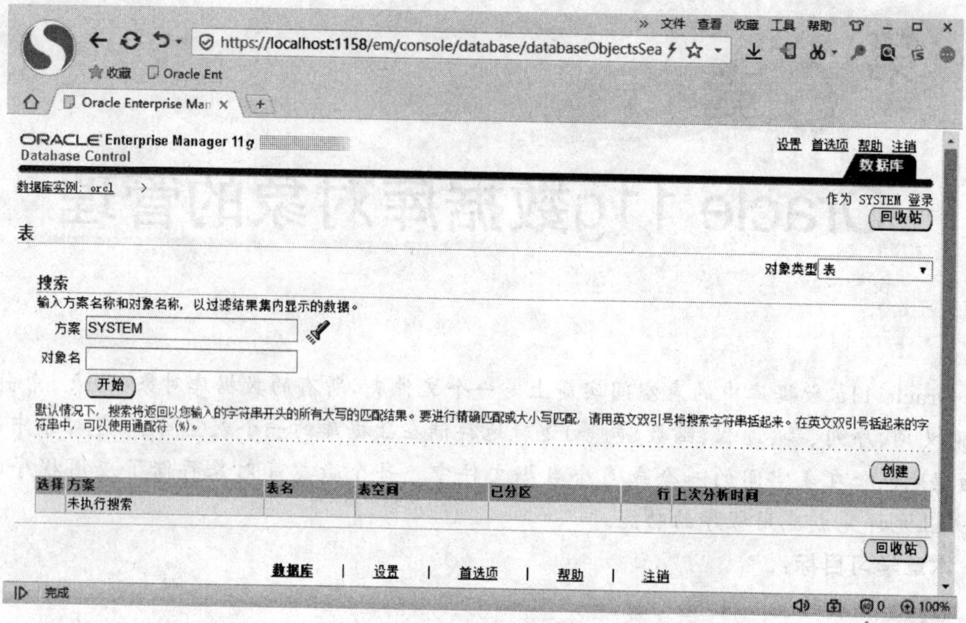

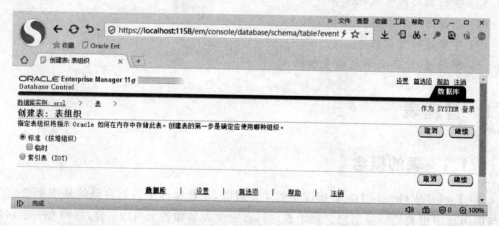

图 6.1 "表"的管理页面

图 6.2 选择表的类型

"表组织"分为"标准"和"索引表"两种方式：前者表示建立常规表，表的一列或多列使用一个索引，为表和索引保留两个独立的存储空间；后者表示建立非常规表，表的数据保存在该表的索引中，更改表中的数据(如插入、删除或修改行等)将使索引更新。这里选择默认的"标准(按堆组织)"单选按钮，单击"继续"按钮，打开创建表的信息页面，通过该页面可以选择表的名称、所属的表空间以及表字段的设置，如图 6.3 所示。

(3) "创建表"页面包含如下 5 个选项卡：

① "一般信息"选项卡，如图 6.3 所示。该选项卡可以设置表名、使用的方案、使用的表空间、列的属性等。

- "名称"文本框：输入新建表的名称，表名在数据库的同一方案中是唯一的。表名最长 30 个字符，以字母开始，后由数字、下画线、#、$ 等组成。本例名为 STUDENT_LJH。

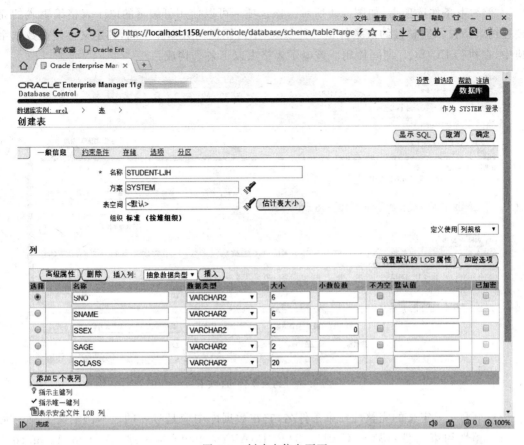

图 6.3　创建表信息页面

- "方案"下拉列表框：指定表的方案。该表的默认方案是用户的默认方案，可以通过选择下拉列表项来改变。本例取默认值(SYSTEM)。
- "表空间"下拉列表框：指定该表所属的表空间，可以通过选择下拉列表项来改变。本例取默认值(默认)。
- 定义列：表示可以使用可编辑的电子表格编辑列。该电子表格由以下各列构成。
  - 名称：要定义的列名，列名在表中是唯一的。本例共定义了 5 列(SNO、SNAME、SSEX、SAGE、SCLASS，分别表示学号、姓名、性别、年龄和班级)。
  - 数据类型：列的数据类型，可以从下拉列表中选择。
  - 大小：列值所允许的字节数。
  - 小数位数(针对 NUMBER 数据类型)：小数点右边的位数。
  - 不为空：是否允许该列取空值。
  - 已加密：选择是否加密保护。
- "定义使用"下拉列表框：默认是"列规格"，以及当前形式，还可以选择 SQL 与 XML 类型。
  - SQL：表示可以使用可编辑的文本区域来创建基于当前表的 PL/SQL 查询语句。
  - XML 类型：表示可以创建 XML 类型的表。

② 约束条件选项卡，如图 6.4 所示。该选项卡可以使用可编辑的电子表格编辑表的完整性约束条件。完整性约束条件是一种规则，不占用任何数据库空间，其定义存储在数据字典中，在执行 PL/SQL 期间使用。该电子表格由以下各列构成：

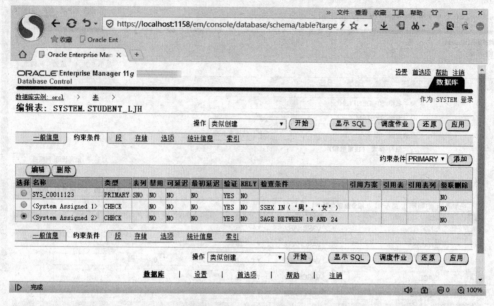

图 6.4 "约束条件"选项卡

- 名称：要定义的完整性约束条件名，它在数据库中应是唯一的。本例定义了两个完整性约束条件：SYS_C0011123（PRIMARY）--SNO 为主键，System Assigned 1（CHECK）--SSEX IN('男','女')，System Assigned 2（CHECK）--SAGE BETWEEN 18 AND 24。
- 类型：约束条件类型，下拉列表中显示了可用的约束条件类型有 UNIQUE、PRIMARY、FOREIGN、CHECK。本例选择类型为 PRIMARY，表示 A1 是一个类型为主键的完整性约束条件。
- 表列：约束针对的列。
- 禁用：表示创建约束条件时是禁用还是启用该约束条件。
- 可延迟：指定是否可以延迟约束条件检查，直到事务结束时为止。
- 最初延迟：指定该约束条件是可以延迟的。
- 验证：若为 NO，表示指定所有旧数据仍符合约束条件，能保证所有数据为有效数据。
- RELY（依赖）：若为 YES，表示启用该约束条件，但不执行。默认为启用并执行该约束条件。
- 检查条件：表示构成 CHECK 检查约束条件的表达式。
- 引用方案：为约束条件中的 FOREIGN（外键）引用。
- 引用表：表示正在定义的列能引用的表。
- 级联删除：若为 YES，表示若子表某行引用了包含在父表中删除的行，则将从子表中自动删除这些行。

③ "存储"选项卡，如图 6.5 所示。该选项卡可以定义表的存储方式。

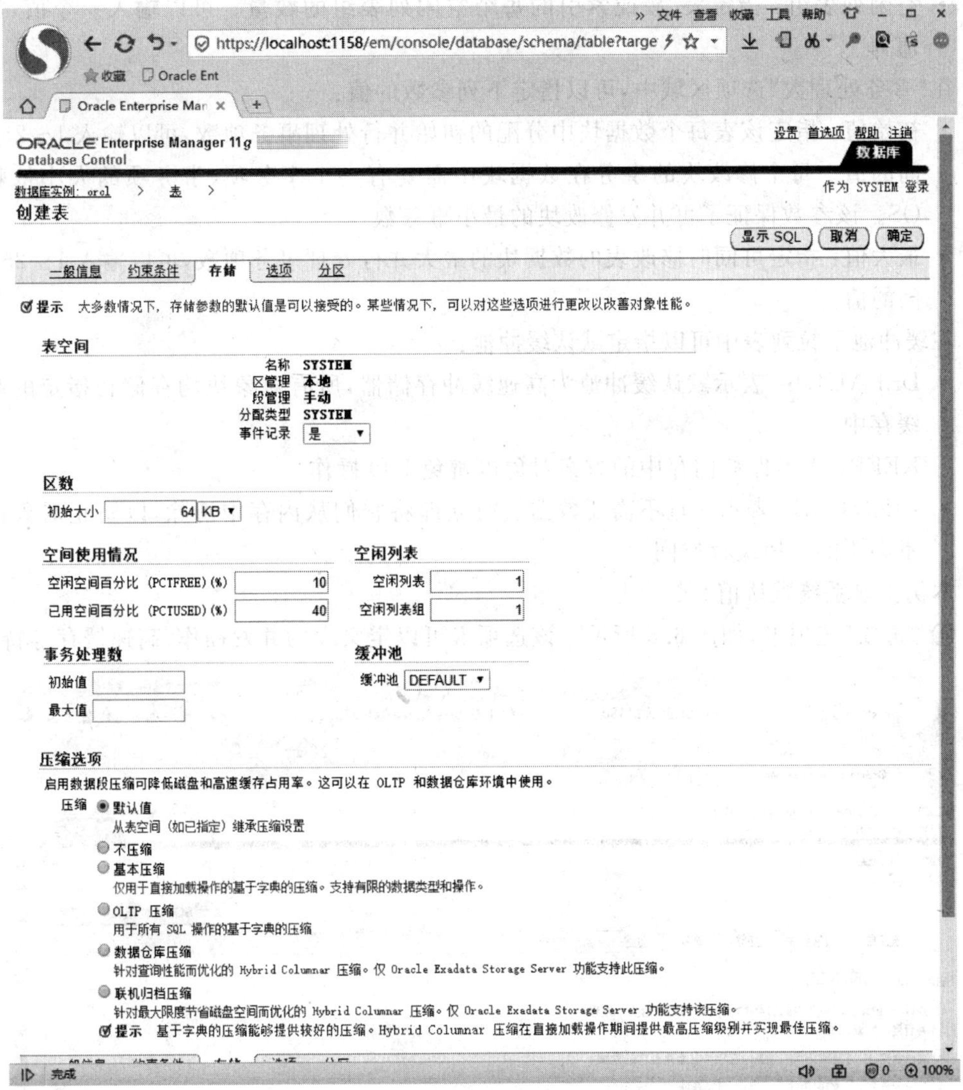

图 6.5 "存储"选项卡

在"区数"选项区域中可以指定下列参数的值：

初始大小：指定表的第一个分区的大小。可以输入一个值，但至少为一个数据块的大小，默认值为 64KB。

在"空间使用情况"选项区域中可以指定下列参数的值：

- 空闲空间百分比（PCTFREE）：指定为以后更新表而保留的空间的百分比，可以输入 0～99 之间的值，默认值为 10。
- 已用空间百分比（PCTVSED）：指定为该表数据块保留的已用空间的最小百分比，可以输入 0～99 之间的值，默认值为 40。

在"空闲列表"选项区域中可以指定下列参数的值：

- 空闲列表：指定表、簇或索引的每个空闲列表组的数量。可以输入一个值，默认值为1。

- 空闲列表组：指定表、簇或索引的每个空闲列表组的数量。可以输入一个值，默认值为1。

在"事务处理数"选项区域中，可以指定下列参数的值：

- 初始值：指定该表每个数据块中分配的初始并行处理事务项数，可以输入1～255之间的值。每个修改块的事务在数据块中需要有一个事务项，事务项的大小依赖于OS。该参数保证了可并发修改块的最小事务数。
- 最大值：指定可同时修改表的数据块的最大并行处理事务项数，可以输入1～255之间的值。

在缓冲池下拉列表中可以指定默认缓冲池：

- DEFAULT：表示默认缓冲池为高速缓冲存储器，所有对象块均存储在指定的高速缓存中。
- KEEP：表示保留内存中的方案对象以避免I/O操作。
- RECYCLE：表示一旦不需要数据块时立即将它们从内存中清除，以防止对象占用不必要的高速缓存空间。

本例皆取系统默认值。

④ "选项"选项卡，如图6.6所示。该选项卡可以定义表的并发操作、高速缓存等特性。

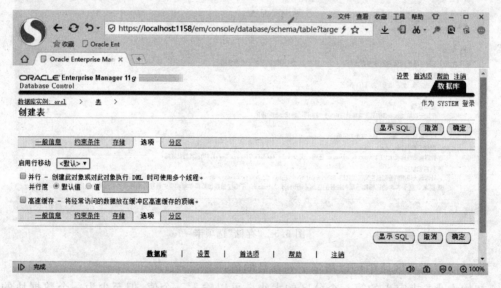

图6.6 "选项"选项卡

如果选中"并行"复选框，则表示以并行方式装载，并行执行某种操作。"并行度"表示单个例程的操作并行度，即使用的查询服务器数量，可以指定默认值（根据CPU数量和存储要求并行扫描的表计算得到），也可以输入一个值。

如果选中"高速缓存"复选框，将经常访问的数据放在缓冲区高速缓存的顶端。

本例皆取系统默认值。

⑤ "分区"选项卡，如图6.7所示。该选项卡可以编辑表的分区。

本例皆取系统默认值。

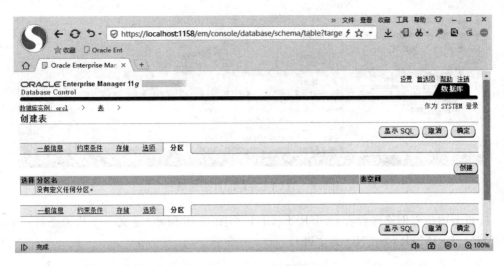

图 6.7　"分区"选项卡

（4）在如图 6.7 所示的页面中单击"确定"按钮，则开始执行表的创建操作。表创建完成后显示如图 6.8 所示的页面。

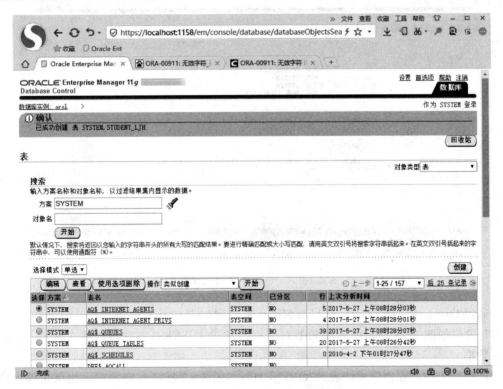

图 6.8　表创建成功的页面

（5）通过 Oracle Sql Developer 可以看到刚生成的学生表 STUDENT_LJH，单击表 STUDENT_LJH，弹出如图 6.9 所示的表编辑器对话框。通过 INSERT 语句可以插入数据，也可以导入数据。

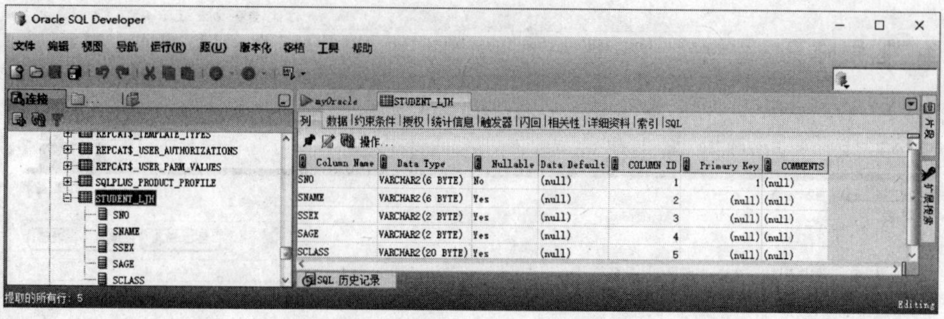

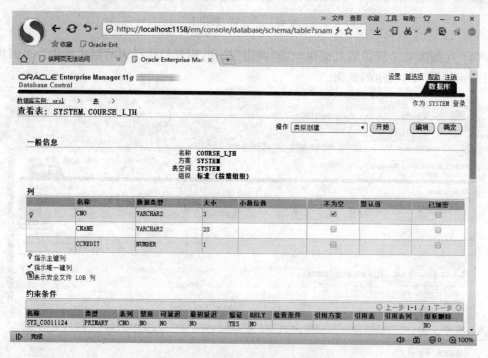

图 6.9　STUDENT_LJH 表编辑器

按照上述步骤创建课程表 COURSE_LJH,如图 6.10 所示(定义一个约束条件: SYS_C0011124(PRIMARY)--CNO 为主键)。

图 6.10　COURSE_LJH 表的结构

通过 Oracle Sql Developer 可以看到刚生成的课程表 COURSE_LJH,单击表 COURSE_LJH,弹出如图 6.11 所示的表编辑器对话框。通过 INSERT 语句可以插入数据,也可以导入数据。

再按照上述步骤创建成绩表 SCORE_LJH,如图 6.12 所示。定义三个约束条件: SYS_C0011125(PRIMARY)--SNO+CNO 为主键,SYS_C0011126(FOREIGN)--SNO 为外键,SYS_C0011127(FOREIGN)--CNO 为外键。

通过 Oracle Sql Developer 可以看到刚生成的成绩表 SCORE_LJH,单击表 SCORE_LJH,弹出如图 6.13 所示的表编辑器对话框。通过 INSERT 语句可以插入数据,也可以导入数据。

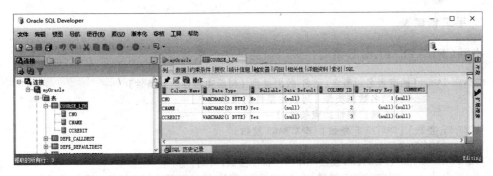

图 6.11 COURSE_LJH 表编辑器

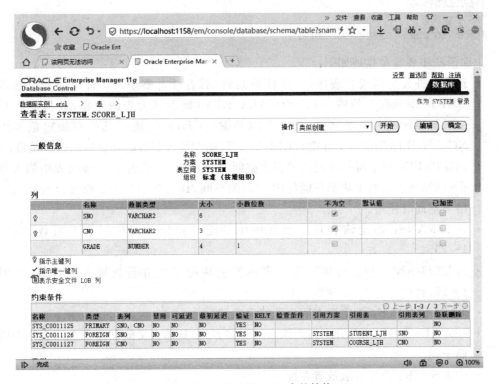

图 6.12 SCORE_LJH 表的结构

图 6.13 SCORE_LJH 表编辑器

2. 手工创建表

使用 CREATE TABLE 语句。该语句的语法形式如下：

```
CREATE TABLE [拥有者名.]表名(列名 数据类型 [列级完整性约束条件]
              [,列名数据类型 [列级完整性约束条件]]…
              [,表级完整性约束条件])
[PCTFREE 整数] [INITRANS 整数] [MAXTRANS 整数]
[TABLESPACE 表空间名]
[DEFAULT STORAGE ([INITIAL 整数[K|M]] [NEXT 整数[K|M]]
              [MINEXTENTS 整数] [MAXEXTENTS 整数|UNLIMITED] [PCTINCREASE 整数])]
[CLUSTER 簇名(簇列,…)]
[PARALLEL]
[AS 子查询]
[CACHE|NOCACHE] [LOGGING|NOLOGGING];
```

上面语法中各参数描述如下：

- 约束条件分为列级和表级，前者针对某列，后者针对整个表。常用的约束条件有 UNIQUE(确保其值唯一)、PRIMARY KEY(确保其为表的主键，其值非空且唯一)、FOREIGN KEY(确保其为表的外键)、CHECK(确保其值在指定范围内)、NOT NULL(确保其值非空)、DEFAULT(确保插入新行时其值自动取默认值)。
- PCTFREE：指定每一块预留的自由空间百分比，默认值为 10。即向表中插入新数据行时，该表的每个块都只能使用 90% 的空间，10% 预留出来供修改该块中数据行增大空间时使用。
- INITRANS：指定该表每个数据块中分配的初始并行处理事务项数，范围是 1~255。
- MAXTRANS：指定可同时修改表的数据块的最大并行处理事务项数，范围是 1~255。
- TABLESPACE：指定该表所放置的表空间。
- DEFAULT STORAGE：指定该表的存储方式，具体含义同创建表空间语句中的存储子句。
- CLUSTER：指定该表放置在聚簇中。
- PARALLEL：指定加速该表的扫描可以使用的并行查询进程个数。
- AS 子查询：基于一个或多个已存在的表建立新表，新表列的数据类型和大小、新表中的数据行都由查询结果决定。如 CREATE TABLE XSDA AS SELECT SNO, SNAME,SSEX,SAGE FROM STUDENT_LJH WHERE SCLASS='计算机科学与技术 041'。
- CACHE|NOCACHE：指定是否将该表中的数据放在 CACHE(当该表经常被存取时使用)。
- LOGGING|NOLOGGING：前者指定表的创建操作及之后对表的所有操作都记录在重做日志文件中，是默认选项；后者指定表的创建操作和其他操作不记录在重做日志文件中。

例 6.1 使用 PL/SQL 语句创建上述三个表 STUDENT_LJH、COURSE_LJH、

SCORE_LJH。

```
CREATE TABLE SYSTEM.STUDENT_LJH
( SNO VARCHAR2(6) NOT NULL,
  SNAME VARCHAR2(6) NOT NULL,
  SSEX VARCHAR2(2) NOT NULL,
  SAGE NUMBER(2) NOT NULL,
  SCLASS VARCHAR2(20) NOT NULL,
  CONSTRAINT A1 PRIMARY KEY(SNO),
  CONSTRAINT A2 CHECK(SSEX IN('男','女')),
  CONSTRAINT A3 CHECK(SAGE BETWEEN 18 AND 24));

CREATE TABLE SYSTEM.COURSE_LJH
( CNO VARCHAR2(3) NOT NULL,
  CNAME VARCHAR2(20) NOT NULL,
  CCREDIT NUMBER(1) NOT NULL,
CONSTRAINT B1 PRIMARY KEY(CNO));

CREATE TABLE SYSTEM.SCORE_LJH
( SNO VARCHAR2(6) NOT NULL,
  CNO VARCHAR2(3) NOT NULL,
  GRADE NUMBER(4,1) NOT NULL,
  CONSTRAINT C1 PRIMARY KEY(SNO,CNO),
  CONSTRAINT C2 FOREIGN KEY(SNO) REFERENCES SYSTEM.STUDENT_LJH(SNO) ON DELETE CASCADE,
  CONSTRAINT C3 FOREIGN KEY(CNO) REFERENCES SYSTEM.COURSE_LJH(CNO) ON DELETE CASCADE);
```

6.1.3 查看、编辑表

查看、编辑表有两种方式：使用 Oracle 企业管理器或手工查看、编辑。

1. 使用 Oracle 企业管理器查看、编辑表

启动 Oracle 企业管理器，以 system 身份连接数据库，展开"方案"→"数据库对象"→"表"节点，即可查看 SYSTEM 方案中的所有表。单击要编辑的表，即弹出编辑表的对话框可对表进行编辑。

2. 手工查看、编辑表

1) 手工查看表

Oracle 11g 提供了若干个视图用于查询有关表的信息。这些视图的名称及说明如表 6.1 所示。

表 6.1　与表信息有关的视图

视 图 名 称	说　　明
DBA_TABLES	包含了数据库中所有的表信息
ALL_ TABLES	包含了当前用户可以访问的所有表信息
USER_ TABLES	包含了当前用户拥有的所有表信息

续表

视 图 名 称	说　明
DBA_TAB_COLUMNS	包含了数据库中所有表上的表列信息
ALL_TAB_COLUMNS	包含了当前用户可以访问的所有表上的表列信息
USER_TAB_COLUMNS	包含了当前用户拥有的所有表上的表列信息

例 6.2　从 DBA_TABLES 视图中查询所有表的信息,以下脚本运行结果如图 6.14 所示。

```
select table_name,tablespace_name from dba_tables;
```

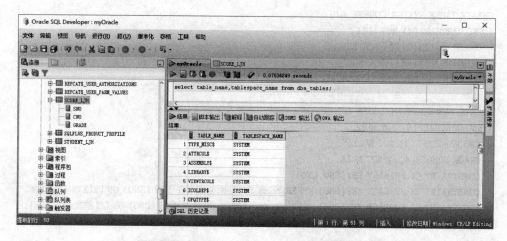

图 6.14　使用 DBA_TABLES 视图查看表信息

2) 手工编辑表

语法:

```
ALTER TABLE 表名
[MODIFY (列名 数据类型 [列约束] [,列名 数据类型 [列约束]…]))]
[ADD (列名 数据类型 [列约束] [,列名 数据类型 [列约束]…]))]
[DROP (列名 [,列名]…))]
[DISABLE|ENABLE|DROP CONSTRAINT 表约束条件名];
```

上面语法中各参数描述如下:

• MODIFY 子句:对表中原有的列或列约束进行修改。

例 6.3　将学生表 STUDENT_LJH 中 SNAME 的数据类型改为 CHAR(6),SAGE 的数据类型改为 NUMBER(3)。

```
ALTER TABLE SYSTEM.STUDENT_LJH MODIFY (SNAME CHAR(6),SAGE NUMBER(3));
```

• ADD 子句:增加列或列约束到原有的表中。

例 6.4　向学生表 STUDENT_LJH 中增加家庭地址和政治面貌两列。

```
ALTER TABLE SYSTEM.STUDENT_LJH
ADD (SADDRESS VARCHAR2(20) NOT NULL,POLITICS VARCHAR2(20) NOT NULL);
```

- DROP 子句：删除原有表中的列。删除列后关于该列的索引和完整性约束也同时被删除。

例 6.5 将学生表 STUDENT_LJH 中新增的 SADDRESS 和 POLITICS 列删除。

```
ALTER TABLE SYSTEM.STUDENT_LJH DROP (SADDRESS,POLITICS);
```

- DISABLE|ENABLE|DROP CONSTRAINT 子句：分别表示禁用（存在依赖关系时不可禁用）、重启和删除表级约束条件。删除表约束条件时，若使用关键字 CASCADE，则将级联删除其他表的约束条件。

例 6.6 将学生表 STUDENT_LJH 中的表级约束条件 SYS_C0011123（SNO 为主键）删除。

```
ALTER TABLE SYSTEM.STUDENT_LJH DROP CONSTRAINS SYS_C0011123 CASCADE;
```

该操作完成后，成绩表 SCORE_LJH 中的表级约束 SYS_C0011126（SNO 为外键）将被级联删除。

6.1.4 使用 PL/SQL 语句对表中数据行进行更新

1. 插入数据行

语法：

```
INSERT INTO 表名[(列名1,列名2,…)] VALUES(值1,值2,…);
```

或

```
INSERT INTO 表名[(列名1,列名2,…)] SELECT *|列名1,列名2,… FROM 另一表名;
```

2. 删除数据行

语法：

```
DELETE FROM 表名 WHERE 条件;
```

删除数据行并不能释放 ORACLE 数据库中被占用的数据块表空间，只是将那些被删除的数据块标成 unused。若确实要删除一个表里的全部记录，可以用 TRUNCATE 命令，它可以释放占用的数据块表空间。

语法：

```
TRUNCATE TABLE 表名;(此操作不可回滚)
```

3. 修改数据行

语法：

```
UPDATE 表名 SET 列名1=值1,列名2=值2,… WHERE 条件;
```

6.1.5　使用 PL/SQL 语句对表中数据进行查询

语法：

```
SELECT[ALL|DISTINCT] *|目标列表达式 1 [别名][,目标列表达式 2 [别名]]…
FROM 表名 1 或视图名 1 [别名] [,表名 2 或视图名 2 [别名]]…
[WHERE 条件]
[GROUP BY 列名 [HAVING 条件]]
[ORDER BY 列名[ASC|DESC]];
```

例 6.7　从学生表 STUDENT_LJH、课程表 COURSE_LJH、成绩表 SCORE_LJH 中查询每个学生的学号、姓名及平均分。要求只显示平均分不低于 85 的数据行，并且结果按平均分递减排列。以下脚本运行结果如图 6.15 所示。

```
select x.sno 学号,sname 姓名,avg(grade) 平均分
from system.student_LJH x inner join system.score_LJH y on x.sno = y.sno
group by x.sno,sname having avg(grade)>= 85
order by 3 desc;
```

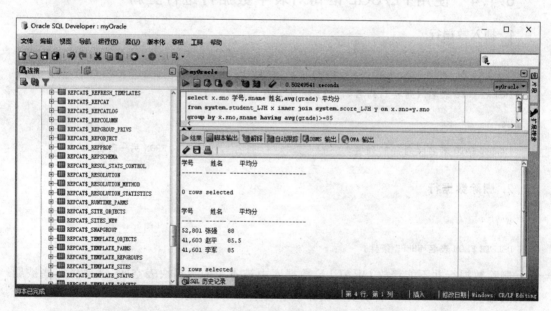

图 6.15　使用 PL/SQL 语句对表中数据进行查询

6.1.6　删除表

删除表有两种方法：使用企业管理器或手工删除。

1. 使用企业管理器删除表

启动 Oracle 企业管理器，以 system 身份连接数据库，展开“方案”→“数据库对象”→“表”节点，选中要删除的表，单击“使用选项删除”按钮即可打开删除表页面。

2. 手工删除表

语法：

```
DROP TABLE 表名 [CASCADE CONSTRAINTS];
```

删除表后，表上的索引、触发器、权限、完整性约束也同时被删除。ORACLE 不能删除视图，但可以将它们标识成无效。如果删除的表涉及引用该表主键的完整性约束时，则必须包含 CASCADE CONSTRAINTS 子句。

6.1.7　更改表名

语法：

```
RENAME 旧表名 TO 新表名;
```

6.2　管理索引

6.2.1　索引的概念

虽然关系数据库表中数据行的物理位置无关紧要，但为了快速地查找到数据行，Oracle 11g 服务器用 ROWID 对表中的每一行进行标识，它指出了该行的准确位置（该行所在的文件、该文件中的块、该块中的行地址）。索引（Index）是与表和聚集相关的一种选择结构。索引是一种可以提高查询性能的数据结构，利用它可快速地确定信息。一个索引拥有表的一列或多列的值以及与这些列值相对应的行地址 ROWID。当 Oracle 11g 服务器需要在表中查找某一指定行时，它在索引中查找 ROWID，然后从表中提取数据。

使用索引有两个好处：

（1）快速查询。查询时使用索引可以帮助 Oracle 11g 服务器以最快的速度检索数据。

（2）唯一值。Oracle 11g 服务器会自动建立索引实施表中主键的唯一值，在保证任何其他需要唯一值的列或列组合时也可以建立索引。创建表时若指定了 PRIMARY 或 UNIQUE 约束条件子句，Oracle 11g 服务器会自动创建相应的索引。

使用索引也会带来这样的缺点：建立索引需要占用磁盘空间并增加了用于插入、删除和修改数据行的时间和空间的开销。插入数据行时需要在表和索引中都增加一行，修改数据行时需要在表和索引中对当前行进行修改，删除数据行时需要从索引中移走当前行，这都会减慢相应操作的反应速度。

索引的类型可以从逻辑设计和物理实现两个方面进行分类。

（1）从逻辑设计方面来看，可以把索引分为单列索引和多列复合索引、唯一索引和非唯一索引、基于函数的索引等类型。基于函数的索引是 Oracle 11g 索引的一大特点，用户可以根据表达式、Oracle 11g 内部函数及 PL/SQL 和 Java 编写的函数来创建索引。创建基于函数的索引后，Oracle 11g 服务器会自动检查 PL/SQL 语句中的 WHERE 子句以判断是否存在匹配的索引，保证查询以最少的磁盘读写和最快的速度得到检索结果。

（2）从物理实现方面来看，可以把索引分为 B 树索引、位图索引和簇索引，其中前两种索引是最常用的。

B 树索引是建立索引时默认的索引类型，它可以是唯一或非唯一的，也可以是单列或多列复合的。B 树索引的结构是一个平衡树，由根结点、树枝结点和树叶结点组成，树枝结点包含了索引列和指向下一层树枝结点的地址；树叶结点包含了索引列和表中每个匹配行的 ROWID。B 树索引在检索高基数数据列（可区分值不少于 200 个）时提供了最好的性能，可以避免大规模的排序操作。因此，B 树索引一般用于 OLTP 系统，对于低基数数据列就不适合了。

位图索引可以是单列或多列复合的，但大多数基于单列。位图索引的结构实际上也是按 B 树组织的，但树叶块是按照每个索引列的位图（值为 1 或 0）组织的，而不是按照数据行的 ROWID 组织的。另外，位图以一种压缩格式存放，因此占用的磁盘空间比 B 树索引要小得多。位图索引一般用于决策支持系统，尤其对于低基数数据列特别适合。

簇索引是在簇中被表共享的索引，包括 B 树簇索引和哈希簇索引。簇索引不同于常规索引，它在索引中只存储一次索引值，而不管索引列值在表中重复多少次。簇索引一般用于在簇上执行数据操作的场合。

6.2.2　创建索引

创建索引有两种方式：使用 Oracle 企业管理器或手工创建。

1. 使用 Oracle 企业管理器创建索引

（1）启动 Oracle 企业管理器，以 system 身份连接数据库，展开"方案"→"数据库对象"→"索引"节点，打开索引页面，单击"创建"按钮，弹出如图 6.16 所示的"创建索引"页面。

（2）"创建索引"页面包含 5 个选项卡：

① "一般信息"选项卡，如图 6.16 所示。该选项卡可以在表或簇的一列或多列上定义索引。

- "名称"文本框：输入新建索引的名称，索引名在数据库中的同一方案中是唯一的。本例名为 SNAME_INDEX。
- "方案"下拉列表框：含义同创建表。本例取默认值（SYSTEM）。
- "表空间"下拉列表框：含义同创建表。本例取默认值（<默认>）。
- "索引建于"单选按钮组：分为"表"和"集群"两种方式。前者表示将索引置于表中；后者表示将索引创建在簇中。本例取默认值（表）。

本选项卡下面的列表框中包含了 4 个列："列名""数据类型""排序""顺序"。

- 列名：从作为索引依据的表中提取的列名。
- 数据类型：显示提取各列的数据类型。
- 排序：分升序与降序。
- 顺序：为索引所选列的顺序。

② "存储""选项""分区"三个选项卡的含义与创建表对话框相似。

（3）在如图 6.16 所示的页面中单击"确定"按钮，则开始执行索引的创建操作。索引创建完成后，显示如图 6.17 所示的页面。

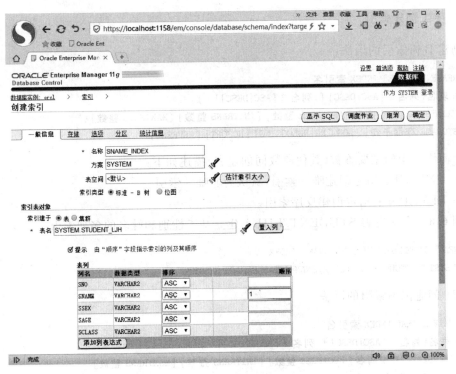

图 6.16 "创建索引"页面

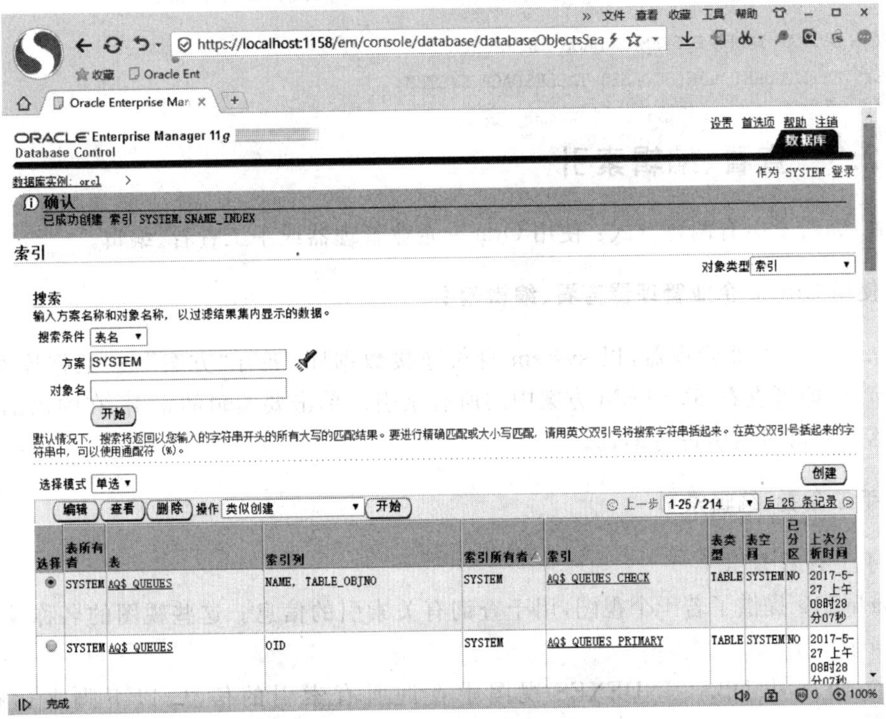

图 6.17 索引创建成功的页面

2. 手工创建索引

创建 B 树索引的语法：

```
CREATE [UNIQUE] INDEX 索引名
ON 表名(列名1 [ASC|DESC] [,列名2 [ASC|DESC]]…)
[TABLESPACE 表空间名] [PCTFREE 整数] [INITRANS 整数] [MAXTRANS 整数]
[STORAGE 存储子句] [LOGGING|NOLOGGING] [NOSORT] [REVERSE];
```

上面语法中的主要参数(其他参数同创建表)描述如下：
- UNIQUE：指定创建唯一索引，默认为非唯一索引。
- REVERSE：指定创建反序索引。

例 6.8 在学生表 STUDENT_LJH 上建立基于性别和姓名的多列索引。

```
CREATE INDEX SYSTEM.SSEX_SNAME_INDEX
ON SYSTEM.STUDENT_LJH(SSEX,SNAME) TABLESPACE SYSTEM;
```

(2) 创建位图索引的语法：

```
CREATE BITMAP INDEX 索引名
ON 表名(列名1 [ASC|DESC] [,列名2 [ASC|DESC]]…)
[TABLESPACE 表空间名] [PCTFREE 整数] [INITRANS 整数] [MAXTRANS 整数]
[STORAGE 存储子句] [LOGGING|NOLOGGING] [NOSORT] [REVERSE]
```

例 6.9 在学生表 STUDENT_LJH 上建立基于班级的位图索引。

```
CREATE BITMAP INDEX SYSTEM.SCLASS_INDEX
ON SYSTEM.STUDENT_LJH(SCLASS) TABLESPACE SYSTEM;
```

6.2.3 查看、编辑索引

查看、编辑索引有两种方式：使用 Oracle 企业管理器或手工查看、编辑。

1. 使用 Oracle 企业管理器查看、编辑索引

启动 Oracle 企业管理器，以 system 身份连接数据库，展开"方案"→"数据库对象"→"索引"节点，即可查看 SYSTEM 方案中的所有索引。单击要编辑的索引，在弹出的编辑索引的对话框中可对索引进行编辑。

2. 手工查看、编辑索引

1) 手工查看索引

Oracle 11g 提供了若干个视图，用于查询有关索引的信息。这些视图的名称及说明如表 6.2 所示。

例 6.10 从 DBA_INDEXES 视图中查询所有索引的信息，以下脚本运行结果如图 6.18 所示。

```
select index_name,table_name from dba_indexes;
```

表 6.2　与索引信息有关的视图

视 图 名 称	说　　明
DBA_INDEXES	包含了数据库中所有表上的索引信息
ALL_INDEXES	包含了当前用户可以访问的所有表上的索引信息
USER_INDEXES	包含了当前用户拥有的所有表上的索引信息
DBA_IND_COLUMNS	包含了数据库中所有与索引有关的表列信息
ALL_IND_COLUMNS	包含了当前用户可以访问的所有表里与索引有关的表列信息
USER_IND_COLUMNS	包含了当前用户拥有的所有表里与索引有关的表列信息
DBA_IND_EXPRESSIONS	包含了数据库中所有基于函数索引的表达式信息
ALL_IND_EXPRESSIONS	包含了当前用户可以访问的所有表里基于函数索引的表达式信息
USER_IND_EXPRESSIONS	包含了当前用户拥有的所有表里基于函数索引的表达式信息

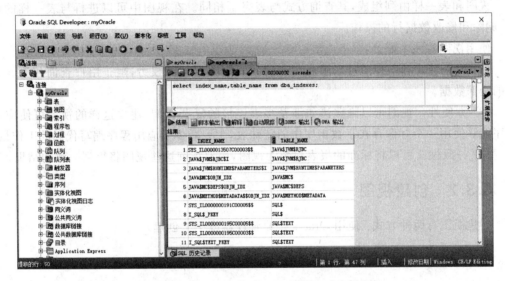

图 6.18　使用 DBA_INDEXES 视图查看索引信息

2）手工编辑索引

语法：同手工创建索引。

6.2.4　删除索引

删除索引有两种方法：使用企业管理器或手工删除。

1. 使用企业管理器删除索引

启动 Oracle 企业管理器，以 system 身份连接数据库，展开"方案"→"数据库对象"→"索引"节点，选中要删除的索引，单击"删除"按钮即可删除该索引。

2. 手工删除索引

语法：

DROP INDEX **索引名**；

不能直接使用该命令删除与主键或唯一键约束有关的索引,若要删除这样的索引,必须首先删除相应的主键或唯一键约束。

6.3　管理视图

6.3.1　视图的概念

视图(View)是从一个或多个表(或其他视图)中导出数据的虚表,视图可以看成是一个存储查询(Stored Query)。Oracle 11g 仅存储了视图的定义,并不存储视图对应的存储查询所涉及的数据,所以建立视图不用占用其他空间。

视图和表一样由列组成,其查询方式与表完全相同。在视图中可以进行与表一样的插入、删除和修改数据行的操作。

使用视图有三个好处:

(1) 安全性。利用视图可以限制用户访问表中数据行的权力,阻止用户查询和更新表中的全部数据。

(2) 方便性。视图可以隐藏诸如涉及多表连接的复杂查询,建立这样的视图可使应用程序能够使用一个好像存在于数据库中的特殊表,大大减少了应用程序编写代码的工作量。

(3) 一致性。可以将标准的报表封装为视图,用户查询这些视图将得到一致的结果。

6.3.2　创建视图

创建视图有两种方式:使用 Oracle 企业管理器或手工创建。

1. 使用 Oracle 企业管理器创建视图

(1) 启动 Oracle 企业管理器,以 system 身份连接数据库,展开"方案"→"数据库对象"→"视图"节点,打开视图页面,单击"创建"按钮,弹出如图 6.19 所示的"创建视图"页面。

(2) "创建视图"页面包含三个选项卡:

① "一般信息"选项卡,如图 6.19 所示。该选项卡可以指定视图的基本特性,包括视图的名称、方案名称、定义文本及其他特性。

- "名称"文本框:输入新建视图的名称,视图名在数据库中的同一方案中是唯一的。本例名为 AVGSCORE_VIEW。
- "方案"下拉列表框:含义同创建表。本例取默认值(SYSTEM)。
- "查询文本"文本框:指定该视图对应的存储查询,该查询可以是任何不带 ORDER BY 或 FOR UPDATE 子句的 SELECT 语句,查询的目标列最多可以包含 254 个表达式。本例的查询文本如图 6.19 所示。
- "别名"文本框:指定视图中将要显示的名称,名称之间以逗号分隔。本例输入"学号,姓名,平均分"。
- "替换视图"复选框:若选中该复选框,表示指定视图将被重新创建(如果有的话)。

② "选项"选项卡,如图 6.20 所示。该选项卡可以指定选项或设置视图的约束条件。

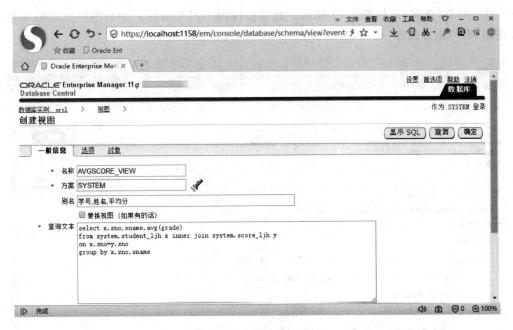

图 6.19 "创建视图"页面

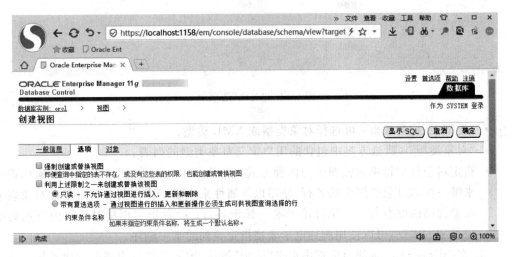

图 6.20 "选项"选项卡

- "强制创建或替换视图"复选框：选中后表示强制创建视图，而无须考虑视图基表是否存在或包含该视图的方案所有者是否具有创建视图的权限。
- "利用上述限制之一来创建或替换该视图"复选框：选中后才可以设置是否只读或是否具有约束条件。
- "只读"单选按钮：选中后指定在视图中不能执行任何更新操作，只能执行检索操作。
- "带有复选选项"单选按钮：选中后指定在视图中执行插入和修改操作时必须能使该视图的查询可以选择数据行。

③ "对象"选项卡,如图 6.21 所示。此部分仅用于对象视图。如果用户处理的不是对象视图,则可跳过此部分。

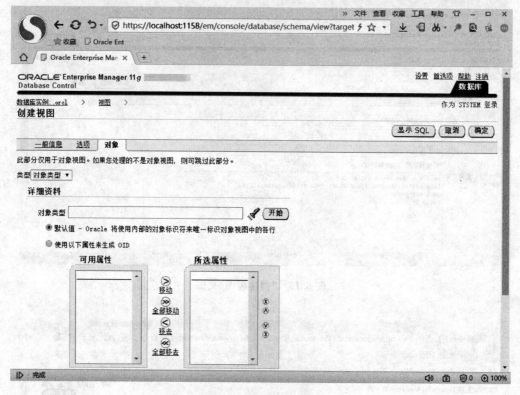

图 6.21　"对象"选项卡

- "类型"下拉列表框:可选择对象类型或 XML 类型。
- "对象类型":所选方案中包含的用户定义对象类型的列表。
- 指定对象标识符单选按钮分为两种方式:默认值-Oracle 将使用内部的对象标识符来唯一标识对象视图中的各行、使用以下属性来生成 OID。前者指定基础对象表或对象视图的原有对象标识符用于唯一标识各行;后者指定创建对象视图所用的对象类型的属性,可以使用两列电子表格指定表列的唯一顺序。

(3) 在如图 6.21 所示的对话框中单击"确定"按钮,则开始执行视图的创建操作。视图创建完成后的页面如图 6.22 所示。

2. 手工创建视图

语法:

```
CREATE [OR REPLACE] [FROCE|NO FORCE] VIEW 视图名 AS
SELECT 子查询 [WITH READ ONLY];
```

例 6.11　创建视图 AVGSCORE_VIEW,包括学生的学号、姓名和所选各门课程的平均分。

```
CREATE VIEW SYSTEM.AVGSCORE_VIEW(学号,姓名,平均分) AS
```

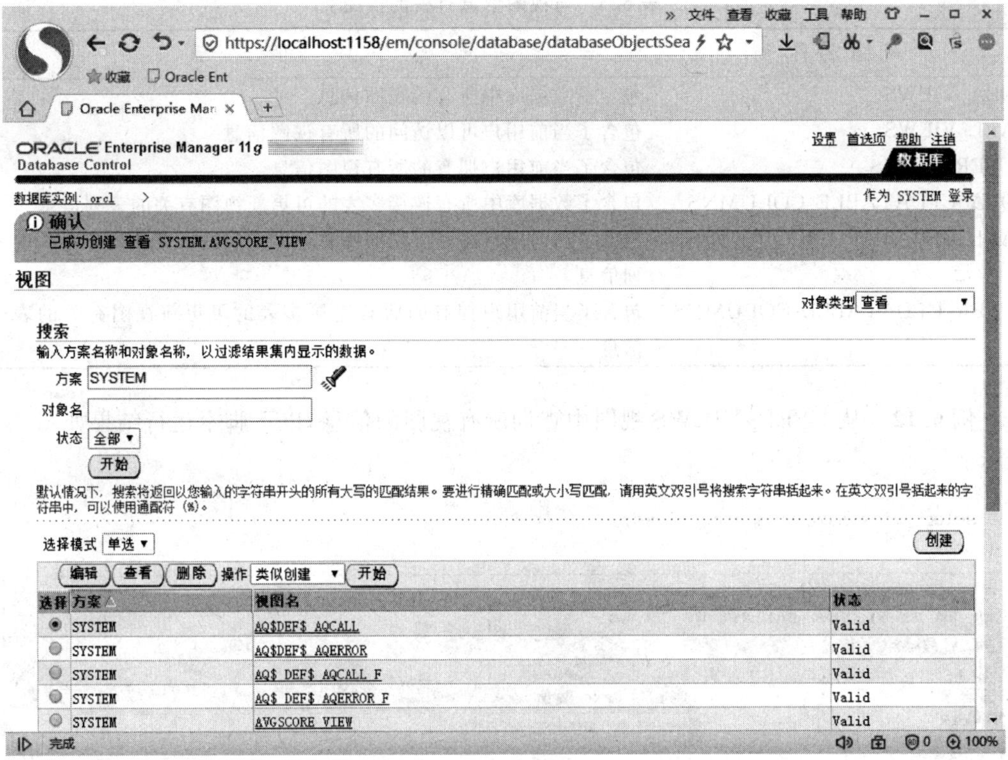

图 6.22　视图创建成功的页面

```
SELECT X.SNO,SNAME,AVG(GRADE)
FROM SYSTEM.STUDENT_LJH X INNER JOIN SYSTEM.SCORE_LJH Y ON X.SNO=Y.SNO
GROUP BY X.SNO,SNAME;
```

视图创建后,基于视图的查询、插入、删除和修改操作与表相似,但对视图的操作系统会自动转换成对基表的操作。

6.3.3　查看、编辑视图

查看、编辑视图有两种方式:使用 Oracle 企业管理器或手工查看、编辑。

1. 使用 Oracle 企业管理器查看、编辑视图

启动 Oracle 企业管理器,以 system 身份连接数据库,展开"方案"→"数据库对象"→"视图"节点,即可查看 SYSTEM 方案中的所有视图。选中要编辑的视图,单击该视图名即可打开该视图。

2. 手工查看、编辑视图

1) 手工查看视图

Oracle 11g 提供了若干个视图,用于查询有关视图的信息。这些视图的名称及说明如表 6.3 所示。

表 6.3　与视图信息有关的视图

视 图 名 称	说　　　明
DBA_VIEWS	包含了数据库中所有的视图信息
ALL_VIEWS	包含了当前用户可以访问的所有视图信息
USER_VIEWS	包含了当前用户拥有的所有视图信息
DBA_UPDATABLE_COLUMNS	包含了数据库中所有连接多表的可更新视图有关的表列信息
ALL_UPDATABLE_COLUMNS	包含了当前用户可以访问的所有连接多表的可更新视图有关的表列信息
USER_UPDATABLE_COLUMNS	包含了当前用户拥有的所有连接多表的可更新视图有关的表列信息

例 6.12　从 USER_VIEWS 视图中查询所有视图的信息,以下脚本运行结果如图 6.23 所示。

```
select view_name from user_views;
```

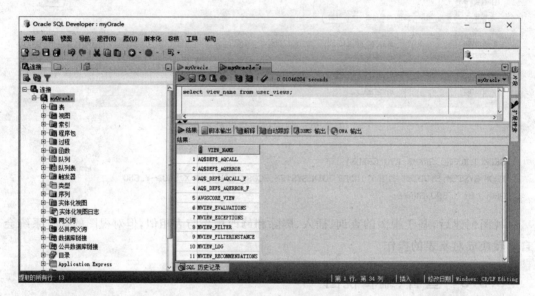

图 6.23　使用 USER_VIEWS 视图查看视图信息

2) 手工编辑视图

在改变了一个视图查询涉及的基表时,Oracle 11g 将标记该视图为无效,再次使用之前必须重新编辑此视图。

语法:

```
ALTER VIEW 视图名 COMPILE;
```

6.3.4　删除视图

删除视图有两种方法:使用企业管理器或手工删除。

1. 使用企业管理器删除视图

启动 Oracle 企业管理器,以 system 身份连接数据库,展开"方案"→"数据库对象"→"视图"节点,选中要删除的视图,单击"删除"按钮即可删除该视图。

2. 手工删除视图

语法:

```
DROP VIEW 视图名;
```

删除视图后视图的定义将从数据字典中删除,基于视图的权限也同时被删除,其他涉及该视图的函数、视图、程序等都将被视为非法。

6.4 管理同义词和序列

6.4.1 同义词的概念

同义词(Synonym)是一个数据库对象的别名(Alias),其定义存储在数据字典中。创建同义词时 Oracle 11g 服务器就指定了一个同义词名字及其所引用的数据库对象;引用同义词名字时 Oracle 11g 服务器会自动用同义词所引用的数据库对象来代替同义词名字。

使用同义词有三个好处:

(1) 可屏蔽数据库对象的名字及其所有者,从而在一定程度上实现了对数据的保护。

(2) 为分布式数据库的远程对象提供了位置透明性,使用户同本地对象一样可以访问这些远程对象。

(3) 简化了命名,减少了用户编写 SQL 语句的工作量。

同义词分为两种类型:公用(Public)同义词和专用(Private)同义词,前者可为数据库中每个用户所存取,后者包含在指定用户的模式中,仅为该用户和授权的用户所使用。

6.4.2 管理同义词

1. 创建同义词

创建同义词有两种方式:使用 Oracle 企业管理器或手工创建。

1) 使用 Oracle 企业管理器创建同义词

(1) 启动 Oracle 企业管理器,以 system 身份连接数据库,展开"方案"→"数据库对象"→"同义词"节点,打开同义词页面,单击"创建"按钮,弹出如图 6.24 所示的"创建同义词"页面。

(2)"创建同义词"页面中各选项的含义如下:

- "名称"文本框:输入新建同义词的名称,同义词名在数据库中的同一方案中是唯一的。本例名为 STU。
- "类型"下拉列表框:包括"方案"与"公用"两种类型,方案含义同创建表。本例取默

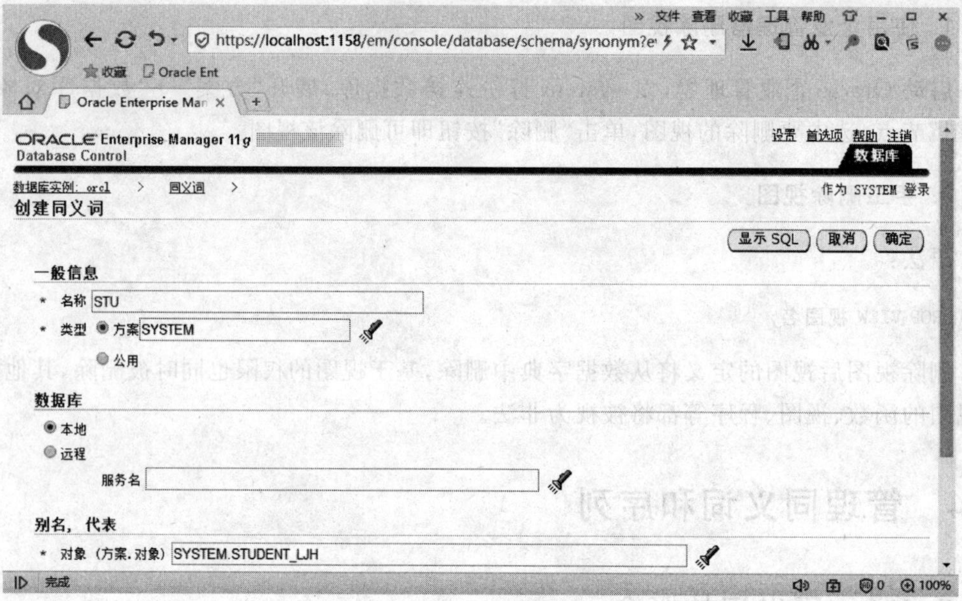

图 6.24　"创建同义词"页面

认值(SYSTEM)。

- "数据库"选项区域：默认选择"本地"单选按钮。
- "别名，代表"选项区域：用来设置该同义词所引用的数据库对象，包括"方案"及"对象"。"方案"指定同义词所引用对象的方案，本例选择 SYSTEM。对象指定同义词引用对象所属方案中的对象，本例选择 STUDENT_LJH，表示该同义词将作为本地数据库表 STUDENT_LJH 的别名。

(3) 在如图 6.24 所示的页面中单击"确定"按钮，则开始执行同义词的创建操作。同义词创建完成后，显示如图 6.25 所示的页面。

2) 手工创建同义词

语法：

```
CREATE [PUBLIC] SYNONYM 同义词名
FOR 数据库对象名;
```

例 6.13　创建学生表 STUDENT 的同义词 STU。

```
CREATE PUBLIC SYNONYM STU
FOR SYSTEM.STUDENT;
```

2. 查看、编辑同义词

查看、编辑同义词有两种方式：使用 Oracle 企业管理器或手工查看、编辑。

1) 使用 Oracle 企业管理器查看、编辑同义词

启动 Oracle 企业管理器，以 system 身份连接数据库，展开"方案"→"数据库对象"→"同义词"节点，即可查看 SYSTEM 方案中的所有同义词；选中要编辑的同义词，单击该同

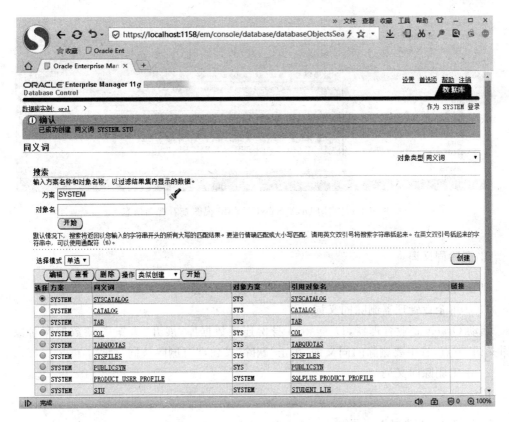

图 6.25　同义词创建成功的页面

义词名即可打开该同义词。

2) 手工查看、编辑同义词

(1) 手工查看同义词。

Oracle 11g 提供了若干个视图,用于查询有关同义词的信息。这些视图的名称及说明如表 6.4 所示。

表 6.4　与同义词信息有关的视图

视 图 名 称	说　明
DBA_SYNONYMS	包含了数据库中所有的同义词信息
ALL_SYNONYMS	包含了当前用户可以访问的所有同义词信息
USER_SYNONYMS	包含了当前用户拥有的所有同义词信息

例 6.14　从 DBA_SYNONYMS 视图中查询所有引用学生表 STUDENT 的同义词信息,以下脚本运行结果如图 6.26 所示。

```
select * from dba_synonyms where table_name = 'STUDENT_LJH';
```

(2) 手工编辑同义词。

使用 CREATE SYNONYM 创建同义词;使用 DROP SYNONYM 删除同义词。

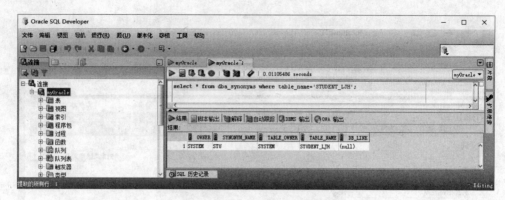

图 6.26　使用 DBA_SYNONYMS 视图查看视图信息

3．删除同义词

删除同义词有两种方法：使用企业管理器或手工删除。

1）使用企业管理器删除同义词

启动 Oracle 企业管理器，以 system 身份连接数据库，展开"方案"→"数据库对象"→"同义词"节点，选中要删除的同义词，单击"删除"按钮即可删除该同义词。

2）手工删除同义词

语法：

DROP SYNONYM 同义词名;

6.4.3　序列的概念

序列（Sequences）是可被多个用户使用的用于产生一系列唯一整数的数据库对象。序列是一个连续的数字生成器，其定义存储在数据字典中。

使用序列的好处是自动产生主键的键值，从而可以简化用户的输入工作量。

当一个序列第一次被查询调用时，它将返回一个预定值。在随后的每次查询中，序列将产生一个按其指定的增量增长的值。序列可以是循环的，或者是连续增加的，直到指定的最大值为止。

6.4.4　管理序列

1．创建序列

创建序列有两种方式：使用 Oracle 企业管理器或手工创建。

1）使用 Oracle 企业管理器创建序列

（1）启动 Oracle 企业管理器，以 system 身份连接数据库，展开"方案"→"数据库对象"→"序列"节点，打开序列页面，单击"创建"按钮，弹出如图 6.27 所示的"创建序列"页面。

（2）"创建序列"页面中各选项的含义如下：

• "名称"文本框：输入新建序列的名称，序列名在数据库中的同一方案中是唯一的。

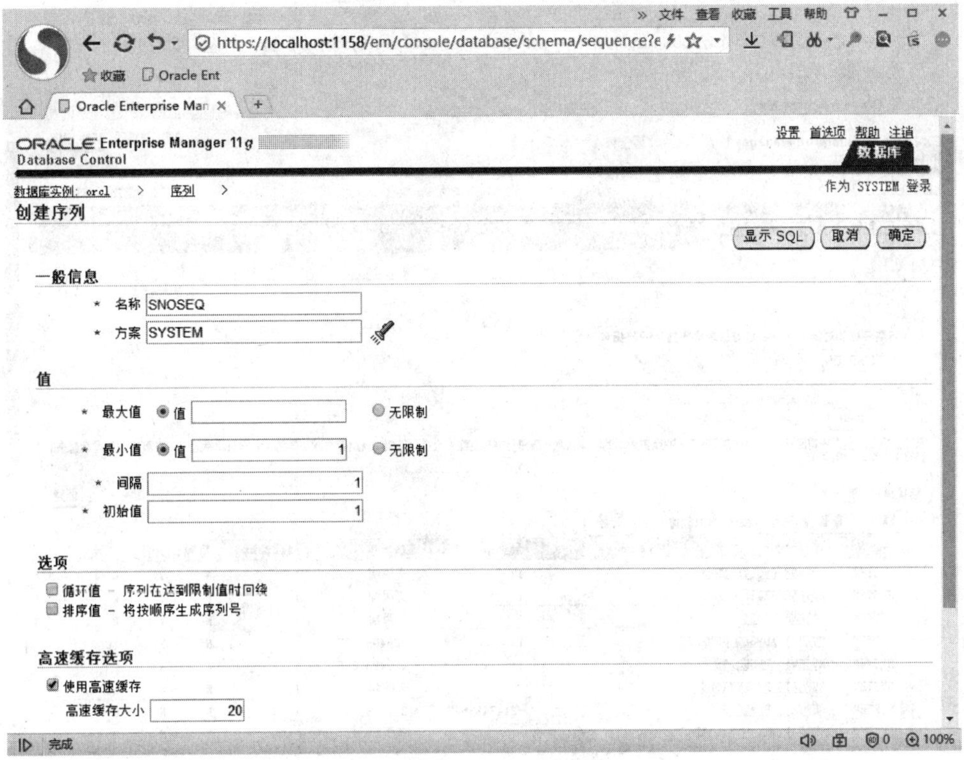

图 6.27　"创建序列"页面

本例名为 SNOSEQ。

- "方案"下拉列表框：含义同创建表。本例取默认值(SYSTEM)。

(3) 在如图 6.27 所示的页面中单击"确定"按钮,则开始执行序列的创建操作。序列创建完成后,显示如图 6.28 所示的页面。

序列 SNOSEQ 创建后,可以在 INSERT 语句中的 VALUE 子句和 UPDATE 语句中的 SET 子句使用序列 SNOSEQ 的 NEXTVAL 伪码生成一个唯一的学号。

例 6.15　应用序列向学生表 STUDENT 插入如下两条数据行。以下脚本运行结果如图 6.29 所示。

```
INSERT INTO SYSTEM.STUDENT_LJH
VALUES(SYSTEM.SNOSEQ.NEXTVAL,'李正','男',19,'网络工程 52');
INSERT INTO SYSTEM.STUDENT_LJH
VALUES(SYSTEM.SNOSEQ.NEXTVAL,'朱军','男',18,'网络工程 52');
SELECT * FROM SYSTEM.STUDENT_LJH;
```

2) 手工创建序列

语法：

```
CREATE SEQUENCE 序列名
[START WITH 整数][INCREMENT BY 整数][MINVALUE 整数][MAXVALUE 整数]
[CYCLE|NOCYCLE][CACHE 整数|NOCACHE]
```

上面语法中各参数的描述如下：

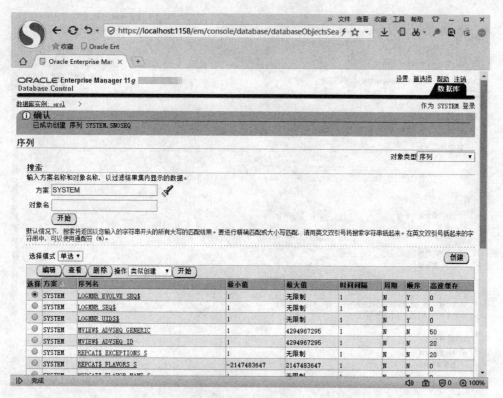

图 6.28 序列创建成功的页面

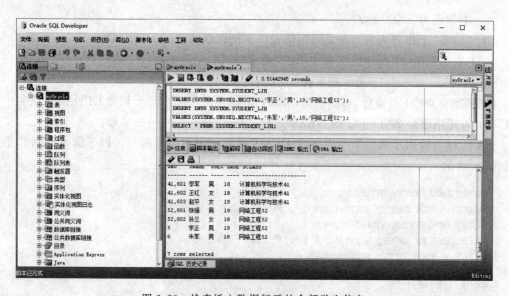

图 6.29 检索插入数据行后的全部学生信息

- START WITH：指定序列生成的第一个数字，默认值为 1。该值必须等于或大于 MINVALUE。
- INCREMENT BY：指定序列的增长值，默认值为＋1。

- MINVALUE：指定序列可以生成的最小值。默认情况下该值为 1(升序)、$-1.0E28$ (降序)。
- MAXVALUE：指定序列可以生成的最大值。默认情况下该值为 $1.0E28$(升序)、-1(降序)。
- CYCLE | NOCYCLE：指定序列值达到限制值后是否可以重复。默认值为 NOCYCLE,当试图产生 MAXVALUE+1 的值时将会产生一个异常。
- CACHE|NOCACHE：前者指定序列值占用内存块的大小,默认值为 20。

例 6.16　创建一个用于自动生成学生表 STUDENT 主键值的序列 SNOSEQ。

```
CREATE SEQUENCE SYSTEM.SNOSEQ
START WITH 520803 INCREMENT BY 1 MINVALUE 520801 NO_MAXVALUE;
```

2. 查看、编辑序列

查看、编辑序列有两种方式：使用 Oracle 企业管理器或手工查看、编辑。

1) 使用 Oracle 企业管理器查看、编辑序列

启动 Oracle 企业管理器,以 system 身份连接数据库,展开"方案"→"数据库对象"→"序列"节点,即可查看 SYSTEM 方案中的所有序列；选中要编辑的序列,单击该序列名即可打开该序列。

2) 手工查看、编辑序列

(1) 手工查看序列。

Oracle 11g 提供了若干个视图,用于查询有关序列的信息。这些视图的名称及说明如表 6.5 所示。

表 6.5　与序列信息有关的视图

视图名称	说明
DBA_SEQUENCES	包含了数据库中所有的序列信息
ALL_SEQUENCES	包含了当前用户可以访问的所有序列信息
USER_SEQUENCES	包含了当前用户拥有的所有序列信息

例 6.17　从 DBA_SEQUENCES 视图中查询所有序列的信息。以下脚本运行结果如图 6.30 所示。

```
select * from dba_sequences;
```

(2) 手工编辑序列。

语法：

```
ALTER SEQUENCE 序列名
[START WITH 整数] [INCREMENT BY 整数] [MINVALUE 整数] [MAXVALUE 整数]
[CYCLE|NOCYCLE] [CACHE 整数|NOCACHE];
```

3. 删除序列

删除序列有两种方法：使用企业管理器或手工删除。

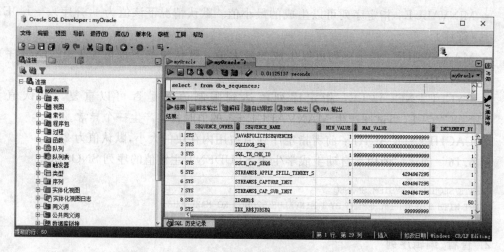

图 6.30　使用 DBA_SEQUENCES 视图查看序列信息

1) 使用企业管理器删除序列

启动 Oracle 企业管理器,以 system 身份连接数据库,展开"方案"→"数据库对象"→"序列"节点,选中要删除的序列,单击"删除"按钮即可删除该序列。

2) 手工删除序列

语法:

DROP SEQUENCE 序列名;

6.5　管理簇

6.5.1　簇的概念

簇(Cluster)是数据库中一种可选的对象,提供了一种存储表数据的方法。簇分为两种类型:索引簇(Index Cluster)和哈希簇(Hash Cluster)。

一个索引簇由一组共享相同数据块的表构成,这些表通常具有一个或多个相同的表列并且常常一起使用,同一个索引簇中的各个表相关的列称为簇键(Cluster Key),簇键通常用一个簇索引(Clustr Index)进行索引。例如 STUDENT 表和 SCORE 表都有一个相同的表列 SNO,所以 STUDENT 表和 SCORE 表可构成索引簇,簇键为 SNO 列,该索引簇将每个学生的全部信息行和该学生的选课信息行物理地存储在同一数据块中。建好索引簇后,可以在其中创建新表。在将数据行插入到索引簇的表中之前,必须先创建一个簇索引。使用索引簇不会影响在其表上建立索引,可以像没有建簇一样创建或删除索引。

使用索引簇的好处是:

(1) 大大缩短了索引簇中多表连接的存取时间,减少了磁盘 I/O 操作。

(2) 在一个索引簇中,对每个簇键值只存储一次,不管不同表中有多少数据行包含该值,所以使用索引簇存储表将比不使用索引簇需要相对较少的存储空间。

使用索引簇也会带来这样的缺点:

（1）若簇键值过于不同，以至于只有很少的数据行共用一个簇键值，则空间浪费就比较严重。反之，若每个簇键值对应过多的数据行，则可能导致过度的查询，此时数据库的性能可能比不采用索引簇还要差。

（2）在一个有索引的表或索引簇的表列中存储或查询一个数据行信息时，至少需要进行两次 I/O 操作，一次用于在索引中存储或查找到键值，一次用于在表或索引簇中写入或读取数据行的信息。

当一组表具有一个或多个相同的表列，并且经常用于查询而不是更新时，一般考虑使用索引簇。

哈希簇为不用索引的表提供了一种快速检索数据的有效途径。在哈希簇表的主键上使用哈希函数就可以得到一个哈希值，表是基于哈希值而组织的。当在哈希簇中存储或查询一个表列信息时，Oracle 11g 使用哈希函数计算表列的哈希值，它对应于簇中的数据块，然后就可以按此数据块进行写入或读取数据行。

使用哈希簇的好处是只需一次 I/O 操作，用于在哈希簇中写入或读取数据行的信息。当表的大小稳定且等值查询操作（WHERE 表列名"＝…"）的返回结果是单值时，一般考虑使用哈希簇。

6.5.2 创建簇

创建簇的方式是通过手工创建。

语法：

```
CREATE CLUSTER 簇名(列名 1 数据类型 [,列名 2 数据类型]…)
[SIZE 整数[K|M]][TABLESPACE 表空间名]
[DEFAULT STORAGE ([INITIAL 整数[K|M]][NEXT 整数[K|M]]
[MINEXTENTS 整数][MAXEXTENTS 整数|UNLIMITED][PCTINCREASE 整数])]
[[HASH IS 哈希函数] HASHKEYS 整数];
```

上面语法中主要参数描述如下：

- SIZE：指定簇键及其相关的表列所需要的平均存储空间。
- HASH IS：指定用户自定义的哈希函数。
- HASHKEYS：指定哈希簇使用的哈希函数可以产生的各不相同的哈希值的数量上限。

例 6.18 创建一个索引簇 SNO1_CLUSTER，用于存储学生表和成绩表的公有表列 SNO。

```
CREATE CLUSTER SYSTEM.SNO1_CLUSTER(SNO VARCHAR2(6))
TABLESPACE SYSTEM;
```

索引簇创建后，就可以在其中创建如下两个新表 STUDENT1、SCORE1。

```
CREATE TABLE SYSTEM.STUDENT1
( SNO VARCHAR2(6) NOT NULL,
  SNAME VARCHAR2(6) NOT NULL,
  SSEX VARCHAR2(2) NOT NULL,
  SAGE NUMBER(2) NOT NULL,
```

```
    SCLASS VARCHAR2(20) NOT NULL,
    CONSTRAINT A4 PRIMARY KEY(SNO))
CLUSTER SYSTEM.SNO1_CLUSTER(SNO);

CREATE TABLE SYSTEM.SCORE1
( SNO VARCHAR2(6) NOT NULL,
  CNO VARCHAR2(3) NOT NULL,
  GRADE NUMBER(4,1) NOT NULL,
  CONSTRAINT C4 PRIMARY KEY(SNO,CNO),
  CONSTRAINT C5 FOREIGN KEY(SNO) REFERENCES SYSTEM.STUDENT1(SNO) ON DELETE CASCADE)
CLUSTER SYSTEM.SNO1_CLUSTER(SNO);
```

在向索引簇 SNO1_CLUSTER 内的表 STUDENT1 或 SCORE1 中插入数据行前,必须先为簇建立一个索引。

```
CREATE INDEX SYSTEM.STU_SCORE_INDEX ON CLUSTER SYSTEM.SNO1_CLUSTER TABLESPACE SYSTEM;
```

例 6.19　创建一个哈希簇 SNO2_CLUSTER,用于存储学生表的表列 SNO。

```
CREATE CLUSTER SYSTEM.SNO2_CLUSTER(SNO VARCHAR2(6))
TABLESPACE SYSTEM
HASH IS TO_NUMBER(SNO) HASHKEYS 200;
```

索引簇创建后,就可以在其中创建如下新表 STUDENT2。

```
CREATE TABLE SYSTEM.STUDENT2
( SNO VARCHAR2(6) NOT NULL,
  SNAME VARCHAR2(6) NOT NULL,
  SSEX VARCHAR2(2) NOT NULL,
  SAGE NUMBER(2) NOT NULL,
  SCLASS VARCHAR2(20) NOT NULL,
  CONSTRAINT A5 PRIMARY KEY(SNO))
CLUSTER SYSTEM.SNO2_CLUSTER(SNO);
```

6.5.3　查看、编辑簇

查看、编辑簇的方式是通过手工查看、编辑。

1. 手工查看簇

Oracle 11g 提供了若干个视图,用于查询有关簇的信息。这些视图的名称及说明如表 6.6 所示。

表 6.6　与簇信息有关的视图

视 图 名 称	说　　明
DBA_CLUSTERS	包含了数据库中所有的簇信息
ALL_CLUSTERS	包含了当前用户可以访问的所有簇信息
USER_CLUSTERS	包含了当前用户拥有的所有簇信息
DBA_CLU_COLUMNS	包含了数据库中所有与簇有关的表列信息

续表

视 图 名 称	说　明
ALL_CLU_COLUMNS	包含了当前用户可以访问的所有表里与簇有关的表列信息
USER_CLU_COLUMNS	包含了当前用户拥有的所有表里与簇有关的表列信息
DBA_HASH_EXPRESSIONS	包含了数据库中所有用于哈希簇的哈希函数的信息
ALL_HASH_EXPRESSIONS	包含了当前用户可以访问的所有用于哈希簇的哈希函数的信息
USER_HASH_EXPRESSIONS	包含了当前用户拥有的所有用于哈希簇的哈希函数的信息

例 6.20　从 DBA_CLUSTERS 视图中查询所有簇的信息。以下脚本运行结果如图 6.31 所示。

```
select cluster_name,cluster_type,tablespace_name from dba_clusters;
```

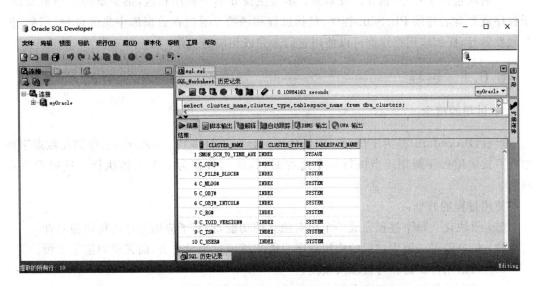

图 6.31　使用 DBA_CLUSTERS 视图查看簇信息

2. 手工编辑簇

语法：

```
ALTER CLUSTER 簇名(列名 1 数据类型 [,列名 2 数据类型]…)
[SIZE 整数[K|M]] [TABLESPACE 表空间名]
[DEFAULT STORAGE ([INITIAL 整数[K|M]] [NEXT 整数[K|M]]
[MINEXTENTS 整数] [MAXEXTENTS 整数|UNLIMITED] [PCTINCREASE 整数])]
[[HASH IS 哈希函数] HASHKEYS 整数];
```

注意：编辑哈希簇时，SIZE、HASH IS、HASHKEYS 等子句不能出现在 ALTER CLUSTER 命令中。若一定要编辑这些属性，则必须重新创建哈希簇。

6.5.4　删除簇

删除簇的方法是通过手工删除。

语法：

```
DROP CLUSTER 簇名;
```

删除簇时，簇中的表和相应的簇索引也同时被删除了。

6.6 管理过程、函数和包

Oracle 11g 中的 PL/SQL 块主要有匿名块和命名块两种类型。第 3 章所介绍的 PL/SQL 块都是匿名块，其缺点是在每次执行时都要被编译，不能存储在数据库中供其他 PL/SQL 块调用。而命名块则可以存储在数据库中并在适当的时候运行。

命名块包括子程序、包和触发器等。本节主要介绍子程序和包，第 9 章将介绍触发器。子程序就是有名称的 PL/SQL 程序，包括过程和函数。通过在数据库中集成过程、函数、包和触发器等，任何应用程序都可以使用它们来完成相应的工作。

6.6.1 过程

1. 过程的概念

过程（Procedure）是为了执行一定任务而组合在一起的 PL/SQL 块，它存储在数据字典中并可被应用程序调用。当执行一个过程时，其语句被作为一个整体执行。过程没有返回值。

使用过程的好处：

（1）模块化。每个过程完成一个相对独立的功能，提高了应用程序的模块独立性。

（2）信息隐藏。调用过程的应用程序只需知道该过程做什么，而无须知道怎么做。

（3）可重用性。过程可被多次重用。

（4）较高的性能。过程是在服务器上执行的，大大降低了网络流量，提高了运作性能。

2. 过程的创建

语法：

```
CREATE [OR REPLACE] PROCEDURE 过程名
[((形参 1 [IN|OUT|IN OUT] 数据类型 [,形参 2 [IN|OUT|IN OUT] 数据类型]…)] IS|AS
过程体;
```

上面语法中主要参数描述如下：

- OR REPLACE：如果指定该子句，表示当数据库中存在同名过程时则重建该过程；如果没有指定该子句，则当数据库中存在同名过程时会报 ORA-00955 号错误：名称已被现有对象占用。
- IN|OUT|IN OUT：形参的三种模式。默认为 IN。
  - IN 模式：调用过程时实参的值将传入过程，在过程的内部形参类似于 PL/SQL 常量，其值具有只读属性，不能对其修改。过程调用结束时，控制将返回到调用环境，实参的值保持不变。

- OUT 模式：调用过程时实参原有的任何值都被忽略，在过程的内部形参类似于未初始化的 PL/SQL 变量，其值具有读写属性。过程调用结束时，控制将返回到调用环境，形参的值将赋予对应的实参。
- IN OUT 模式：是 IN 和 OUT 的组合。调用过程时实参的值将被传入过程，在过程的内部形参类似于已初始化的 PL/SQL 变量，其值具有读写属性。过程调用结束时，控制将返回到调用环境，形参的值将赋予对应的实参。
- 过程体：过程的主体，由构成过程代码的 PL/SQL 语句组成。一个过程至少应有一条 PL/SQL 语句。

例 6.21　创建一个过程 MYPROC，其功能是根据学号检索学生的姓名、性别、年龄和班级等信息。

```
CREATE OR REPLACE PROCEDURE SYSTEM.MYPROC
( V_SNO VARCHAR2,V_SNAME OUT VARCHAR2,V_SSEX OUT VARCHAR2,
  V_SAGE OUT VARCHAR2,V_SCLASS OUT VARCHAR2) IS
BEGIN
  SELECT SNAME,SSEX,SAGE,SCLASS INTO V_SNAME,V_SSEX,V_SAGE,V_SCLASS
  FROM SYSTEM.STUDENT_LJH WHERE SNO = V_SNO;
END MYPROC;
```

3. 过程的调用

过程的调用有两种方式：

1）直接利用 EXECUTE 命令

语法：

EXECUTE 过程名[(实参 1[,实参 2]…)];

2）在 PL/SQL 块（包括匿名块和命名块）中调用

下面是某 PL/SQL 块的部分代码：

…

调用过程名[(实参 1[,实参 2]…)];

…

例 6.22　调用上述过程 MYPROC，检索学号为 41601 的学生姓名、性别、年龄和班级等信息。以下脚本运行结果如图 6.32 所示。

```
SET SERVEROUTPUT ON;
DECLARE
  A SYSTEM.STUDENT_LJH.SNAME % TYPE;
  B SYSTEM.STUDENT_LJH.SSEX % TYPE;
  C SYSTEM.STUDENT_LJH.SAGE % TYPE;
  D SYSTEM.STUDENT_LJH.SCLASS % TYPE;
BEGIN
  SYSTEM.MYPROC('41601',A,B,C,D);
  DBMS_OUTPUT.PUT_LINE('学号:'||'41601'||' '||'姓名:'||TO_CHAR(A));
  DBMS_OUTPUT.PUT_LINE('性别:'||TO_CHAR(B)||'          '||'年龄:'||TO_CHAR(C));
  DBMS_OUTPUT.PUT_LINE('班级:'||TO_CHAR(D));
END;
```

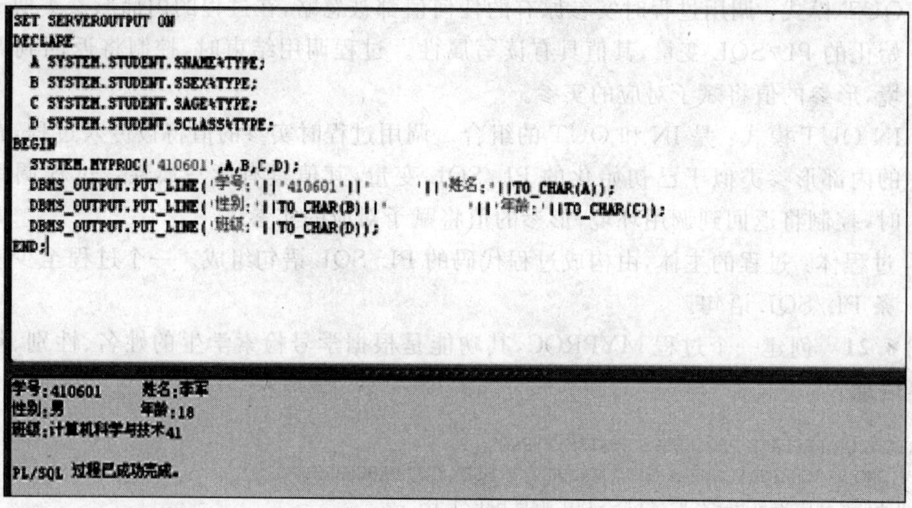

```
SET SERVEROUTPUT ON
DECLARE
    A SYSTEM.STUDENT.SNAME%TYPE;
    B SYSTEM.STUDENT.SSEX%TYPE;
    C SYSTEM.STUDENT.SAGE%TYPE;
    D SYSTEM.STUDENT.SCLASS%TYPE;
BEGIN
    SYSTEM.MYPROC('410601',A,B,C,D);
    DBMS_OUTPUT.PUT_LINE('学号: '||'410601'||'         '||'姓名: '||TO_CHAR(A));
    DBMS_OUTPUT.PUT_LINE('性别: '||TO_CHAR(B)||'              '||'年龄: '||TO_CHAR(C));
    DBMS_OUTPUT.PUT_LINE('班级: '||TO_CHAR(D));
END;
```

```
学号:410601        姓名:季军
性别:男            年龄:18
班级:计算机科学与技术41

PL/SQL 过程已成功完成。
```

图 6.32　调用过程 MYPROC 检索学生基本信息

4. 过程的删除

语法:

DROP PROCEDURE 过程名;

过程的创建、查看、编辑与删除操作也可以使用企业管理器。方法是启动 Oracle 企业管理器,以 system 身份连接数据库,选中"方案"→"数据库对象"→"程序"→"过程"节点,即可进行相应操作。

6.6.2　函数

1. 函数的概念

与过程一样,函数(Function)也可以带有参数,是存储在数据库中的 PL/SQL 块。其差别在于函数可以把值返回调用程序,函数的调用是作为表达式的一部分,而过程的调用则是一条 PL/SQL 语句。

使用函数的好处同过程。

2. 函数的创建

语法:

CREATE [OR REPLACE] FUNCTION 函数名
[(形参 1 [IN|OUT|IN OUT] 数据类型 [,形参 2 [IN|OUT|IN OUT] 数据类型]…)]
RETURN 返回类型 IS|AS
函数体;

上面语法中主要参数描述如下:

- RETURN: 指定了该函数返回值的数据类型。

- 函数体：函数的主体，由构成过程代码的 PL/SQL 语句组成。函数体中至少要有一条将值返回给调用环境的 RETURN 语句。

例 6.23 创建一个函数 MYFUNC,其功能是根据学号检索该学生选修课程的门数及平均分。

```
CREATE OR REPLACE FUNCTION SYSTEM.MYFUNC(V_SNO VARCHAR2,V_TOTAL OUT NUMBER)
RETURN NUMBER IS
  V_AVGSCORE NUMBER(4,1);
BEGIN
  SELECT COUNT( * ),AVG(GRADE) INTO V_TOTAL,V_AVGSCORE
  FROM SYSTEM.SCORE_LJH WHERE SNO = V_SNO
  GROUP BY SNO;
  RETURN V_AVGSCORE;
END MYFUNC;
```

3．函数的调用

函数不能使用 EXECUTE 命令直接调用,而只能以函数名[(实参 1[,实参 2]…)]的调用形式构成表达式的一部分。

例 6.24 调用上述函数 MYFUNC,检索学号为 410601 的学生选修课程门数及平均成绩等信息。以下脚本运行结果如图 6.33 所示。

```
SET SERVEROUTPUT ON;
DECLARE
  TOTAL NUMBER;
  AVGSCORE SYSTEM.SCORE_LJH.GRADE % TYPE;
BEGIN
  AVGSCORE: = SYSTEM.MYFUNC('410601',TOTAL);
  DBMS_OUTPUT.PUT_LINE('学号: '||'410601'||'      '||'选修课程门数: '||TOTAL);
  DBMS_OUTPUT.PUT_LINE('平均成绩: '||TO_CHAR(AVGSCORE));
END;
```

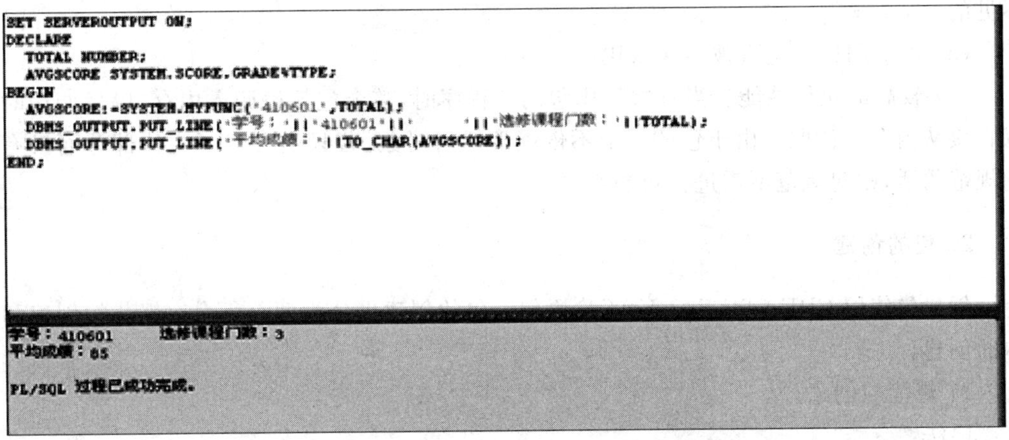

图 6.33 调用函数 MYFUNC 检索学生选课信息

4. 函数的删除

语法：

```
DROP FUNCTION 函数名;
```

函数的创建、查看、编辑与删除操作也可以使用企业管理器。方法是启动 Oracle 企业管理器，以 system 身份连接数据库，选中"方案"→"数据库对象"→"源类型"→"函数"节点，即可进行相应操作。

6.6.3　包

1. 包的概念

包(Package)是将一组相关联的 PL/SQL 类型(如 RECORD 类型)、变量、常量、异常、游标和子程序(过程和函数)等封装在一起的数据结构。包通常包括两个部分：规范和主体。

包的规范(Packege Specification)又称为包头，是包和应用程序的接口部分，通常含有 PL/SQL 类型、变量、常量、异常、游标和子程序等的声明，这些声明对应用程序是可见的，应用程序可以调用它们。

包的主体(Package Body)完整地定义了在包的规范中声明的游标、子程序，从而实现包的规范。主体内容对应用程序是不可见的。

使用包的好处如下：

(1) 模块化。包将逻辑上相关联的 PL/SQL 类型、变量、常量、异常、游标和子程序等封装进一个命名块中，接口简单，提高了应用程序的模块独立性。

(2) 信息隐藏。包的主体和规范中的声明都可以包括 PL/SQL 类型、变量、常量、异常、游标和子程序等。规范中的声明是全局的，它们在包的任何部分都是可见的，可以被外部应用程序调用。但主体中的声明只是对于主体部分可见，是包的私有声明，外部应用程序是看不见的。

(3) 可重用性。包可被多次重用。

(4) 较高的执行性能。当首次调用包的子程序时，整个包就被调入内存，以后调用时可以直接从内存中读取。由于包的规范不依赖于任何对象，若只是改变了主体部分而没有影响规范的话，则对规范不需进行重新编译。

2. 包的创建

创建包使用 CREATE PACKAGE 语句。包的创建也分为两个部分：规范的创建和主体的创建。

1) 规范的创建

语法：

```
CREATE [OR REPALCE] PACKAGE 规范名 IS|AS
[PRAGMA SERIALLY_REUSABLE;]
```

```
PUBLIC TYPE AND ITEM DECLARATION;
SUBPROGRAM SPECIFICATIONS;
[PRAGMA restrict_references(子程序名,WNDS[,WNPS][,RNDS][,RNPS])]
END 规范名;
```

2）主体的创建

语法：

```
CREATE [OR REPALCE] PACKAGE BODY 主体名 IS|AS
[PRAGMA SERIALLY_REUSABLE;]
PRIVATE TYPE AND ITEM DECLARATION;
SUBPROGRAM BODIES;
END 主体名;
```

上面语法中的主要参数说明如下：

- PRAGMA SERIALLY_REUSABLE：该编译指令指定将包的运行状态保存在系统全局区，而不是用户全局区。这样每次调用包后，包的运行状态将被释放，可以对其连续调用。该命令可以在规范和主体中选择使用，若规范中已选用，则主体中也必须选用。
- PRAGMA restrict_references：指定了该包的纯度级别，它有 4 个选项：
- WNDS：限制该子程序不能修改数据库数据（禁止执行 DML）。
- WNPS：限制该子程序不能修改包变量（不能给包变量赋值）。
- RNDS：限制该子程序不能读取数据库数据（禁止执行 SELECT 操作）。
- RNPS：限制该子程序不能读取包变量（不能将包变量赋值给其他变量）

例 6.25　创建一个包，能够将对学生表的查询、插入、删除与修改等操作封装在其中。

```
CREATE OR REPLACE PACKAGE SYSTEM.MYPACK AS
/*声明一个变量,表示每次从学生表中取出的最大记录数*/
V_MAXROW NUMBER:=2;
/*声明过程 MYPROC1,用于从学生表中分页读取学生基本信息*/
PROCEDURE MYPROC1;
PRAGMA restrict_references(MYPROC1,WNDS);
/*声明过程 MYPROC2,用于向学生表中插入一条记录*/
PROCEDURE MYPROC2(V_SNO VARCHAR2,V_SNAME VARCHAR2,V_SSEX VARCHAR2,
               V_SAGE VARCHAR2,V_SCLASS VARCHAR2);
PRAGMA restrict_references(MYPROC2,WNPS);
/*声明过程 MYPROC3,用于从学生表中删除一条记录*/
PROCEDURE MYPROC3(V_SNO VARCHAR2);
PRAGMA restrict_references(MYPROC3,WNPS);
/*声明过程 MYPROC4,用于从学生表中修改一条记录*/
PROCEDURE MYPROC4(V_SNO VARCHAR2,V_SCLASS VARCHAR2);
PRAGMA restrict_references(MYPROC4,WNPS);
END MYPACK;

CREATE OR REPLACE PACKAGE BODY SYSTEM.MYPACK AS
/*游标 MYCURSOR 的具体实现*/
CURSOR MYCURSOR IS
```

```
            SELECT * FROM SYSTEM.STUDENT_LJH;
        /* 过程 MYPROC1 的具体实现 */
        PROCEDURE MYPROC1 AS
            V_END BOOLEAN:=FALSE;
            V_NUMROWS NUMBER:=0;
            V_SNO SYSTEM.STUDENT_LJH.SNO%TYPE;
            V_SNAME SYSTEM.STUDENT_LJH.SNAME%TYPE;
            V_SSEX SYSTEM.STUDENT_LJH.SSEX%TYPE;
            V_SAGE SYSTEM.STUDENT_LJH.SAGE%TYPE;
            V_SCLASS SYSTEM.STUDENT_LJH.SCLASS%TYPE;
        BEGIN
            IF NOT MYCURSOR%ISOPEN THEN
                OPEN MYCURSOR;
            END IF;
            WHILE NOT V_END LOOP
                FETCH MYCURSOR INTO V_SNO,V_SNAME,V_SSEX,V_SAGE,V_SCLASS;
                IF MYCURSOR%NOTFOUND THEN
                    CLOSE MYCURSOR;
                    V_END:=TRUE;
                ELSE

DBMS_OUTPUT.PUT_LINE(V_SNO||V_SNAME||V_SSEX||TO_CHAR(V_SAGE)||V_SCLASS);
                    V_NUMROWS:=V_NUMROWS+1;
                    IF V_NUMROWS>=V_MAXROW THEN
                        V_END:=TRUE;
                    END IF;
                END IF;
            END LOOP;
            DBMS_OUTPUT.PUT_LINE('本次读出'||TO_CHAR(V_NUMROWS)||'条学生记录');
        END MYPROC1;
        /* 过程 MYPROC2 的具体实现 */
        PROCEDURE MYPROC2(V_SNO VARCHAR2,V_SNAME VARCHAR2,V_SSEX VARCHAR2,
                    V_SAGE VARCHAR2,V_SCLASS VARCHAR2) AS
        BEGIN
        INSERT INTO SYSTEM.STUDENT_LJH VALUES(V_SNO,V_SNAME,V_SSEX,V_SAGE,V_SCLASS);
        END MYPROC2;
        /* 过程 MYPROC3 的具体实现 */
        PROCEDURE MYPROC3(V_SNO VARCHAR2) AS
        BEGIN
            DELETE FROM SYSTEM.STUDENT_LJH WHERE SNO=V_SNO;
        END MYPROC3;
        /* 过程 MYPROC4 的具体实现 */
        PROCEDURE MYPROC4(V_SNO VARCHAR2,V_SCLASS VARCHAR2) AS
        BEGIN
            UPDATE SYSTEM.STUDENT_LJH
            SET SCLASS=V_SCLASS WHERE SNO=V_SNO;
        END MYPROC4;
        END MYPACK;
```

3. 包的调用

语法：

包名.组件名;

包一旦在 session 中调用过，就会将其中的变量初始化，直到 session 结束时变量都是存在的，是持续化的，可以用来交换数据。

例 6.26 调用包 MYPACK 中的过程 MYPROC1，检索所有学生信息。以下脚本运行结果如图 6.34 所示。

```
execute system.mypack.myproc1;
```

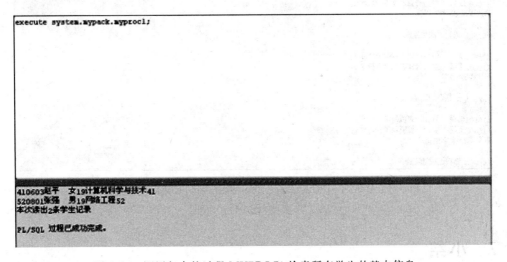

图 6.34 调用包中的过程 MYPROC1 检索所有学生的基本信息

可见，执行语句 EXECUTE SYSTEM. MYPACK. MYPROC1 连续三次，能检索学生表 STUDENT 中所有学生的基本信息，且每次调用的结果不同。这是由于游标 MYCURSOR 是包主体中的声明，一直保持着对表 STUDENT 的调用，后两次调用时它保持着打开的状态。

若在创建上述包的规范和主体时加上 PRAGMA SERIALLY_REUSABLE 子句，则三次调用过程 MYPROC1 的结果相同，如图 6.35 所示。

4. 包的删除

语法：

```
DROP PACKAGE 包名;
```

包的创建、查看、编辑与删除操作也可以使用企业管理器。方法是启动 Oracle 企业管理器，以 system 身份连接数据库，选中"方案"→"数据库对象"→"程序"→"程序包"节点，即可进行相应操作。

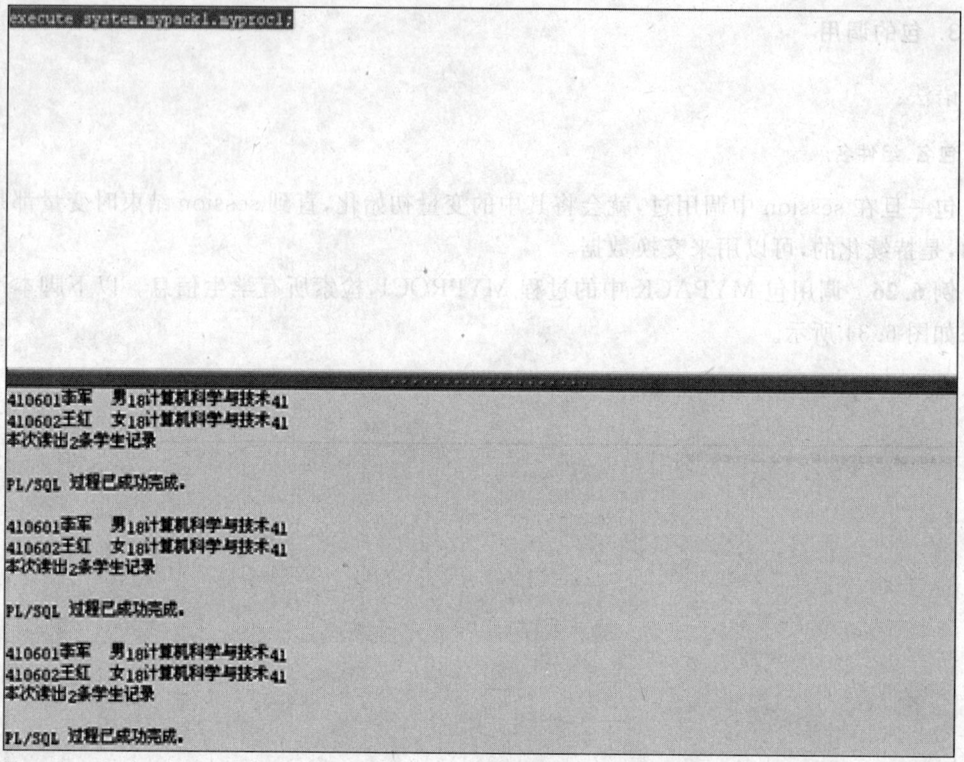

图 6.35　PRAGMA SERIALLY_REUSABLE 子句对调用包中过程的影响

6.7　小结

本章主要讲述了表、索引、视图、同义词、序列、簇、过程、函数和包等各种数据库对象的概念和管理技术。各种数据库对象的管理都可以使用企业管理器和手工操作两种方法。

表是 Oracle 11g 数据库中的主要对象，是数据库中数据存储的基本单位。表的管理包括表的创建、查看、编辑与删除，以及使用 PL/SQL 语句对表中数据查询、插入、删除和修改等。

索引是一种可以提高查询性能的数据结构，利用它可以快速地确定信息。常用的索引包括 B 树索引和位图索引。索引的管理包括索引的创建、查看、编辑与删除等。

视图是从一个或多个表（或其他视图）中导出数据的虚表，可以看成是一个存储查询。视图的管理包括视图的创建、查看、编辑与删除等。

同义词是一个数据库对象的别名，序列是可被多个用户使用的用于产生一系列唯一整数的数据库对象。同义词和序列的管理包括创建、查看、编辑与删除等。

簇提供了一种存储表数据的方法，可分为索引簇和哈希簇两种。簇的管理包括创建、查看、编辑与删除等。

过程和函数都是为了执行一定任务而组合在一起的 PL/SQL 块，存储在数据字典中并可被应用程序调用，但过程没有返回值。包是将一组相关联的类型、变量、常量、异常、游标、过程和函数等封装在一起的数据结构,一般由规范和主体两部分组成。过程、函数、包的管理包括创建、调用与删除等。

习题 6

(1) 什么是数据库表?

(2) 什么是索引? 简述 Oracle 11g 索引的分类。

(3) 什么是视图? 使用视图有什么好处?

(4) 什么是同义词、序列?

(5) 什么是簇? 简述 Oracle 11g 簇的分类。

(6) 什么是包? 包一般由哪两个部分组成? 使用包有什么好处?

实验 4 Oracle 11g 数据库对象的管理(综合一)

【实验目的】

(1) 掌握表的管理技术。

(2) 掌握索引的管理技术。

(3) 掌握视图的管理技术。

(4) 掌握同义词和序列的管理技术。

(5) 掌握簇的管理技术。

(6) 掌握过程、函数和包的管理技术。

【实验内容】

(1) 使用 Oracle 企业管理器或手工方法创建 XSCJ 数据库中的三张表 STUDENT、COURSE 和 SCORE。

(2) 使用 Oracle 企业管理器或手工方法创建基于表 STUDENT 中 SNAME 字段上的一个索引。

(3) 使用 Oracle 企业管理器或手工方法创建基于 STUDENT、COURSE 和 SCORE 三表连接查询的一个视图。

(4) 使用 Oracle 企业管理器或手工方法创建表 STUDENT 的一个同义词以及用来生成表 STUDENT 中主键 SNO 唯一值的一个序列。

(5) 使用手工方法创建一个索引簇、哈希簇,并在新建簇上创建新表。

(6) 使用 Oracle 企业管理器或手工方法创建一个过程、函数和包。

第7章

Oracle 11g数据库的安全性

数据库的安全性是指保护数据库以防止不合法的使用所造成的数据泄露、更改或破坏。Oracle 11g 数据库系统中存放着大量的共享数据，为保证其安全性，Oracle 11g 提供了一整套强大的安全管理工具。

本章学习目标：

（1）用户的创建、查看、修改和删除。

（2）系统权限、对象权限的授予和撤销。

（3）角色的创建、查看和删除。

7.1 用户管理

用户就是使用数据库系统的所有合法操作者，如 Oracle 11g 的两个默认用户 SYS 和 SYSTEM。创建并运行数据库实例后，使用 SYSTEM 用户登录就可以创建其他用户和授予权限。用户管理涉及用户的创建、修改和删除。

7.1.1 用户认证

每个用户登录 Oracle 11g 数据库都必须由系统对其进行认证，Oracle 11g 提供了 4 种认证方式：

1. 数据库认证（Database Authentication）

数据库认证又称为口令认证，由 Oracle 11g 进行认证。在登录数据库时，由用户提供一个账户和密码，密码必须遵循与其他数据库对象相同的命名规则，密码以加密格式保存。

2. 外部认证（External Authentication）

外部认证由操作系统或网络服务（Oracle * Net）进行认证。这种认证方式下，Oracle 11g 的用户名由一个前缀（默认为 OPS $）加操作系统登录名称组成，该前缀由 OS_AUTHENT_PREFIX 初始化参数定义。例如，若 OS_AUTHENT_PREFIX 设置为 NT_，而用户的操作系统登录名称是 AUSTEN，则 AUSTEN 创建的 Oracle 11g 用户名为 NT_AUSTEN。通过外部认证，数据库借助于操作系统或网络认证服务来限制对数据库账号的访问。

3. 全局认证（Global Authentication）

全局认证由安全套接层（Secure Sockets Layer，SSL）进行认证，进行这种认证的用户称为全局用户。Oracle 11g 先进的安全机制允许将用户相关的信息集中在一个基于 LDAP（Light weight Directory Access Protocol）的目录服务，这样，用户在数据库中被识别成全局用户，通过 SSL 对他们进行认证，而对这些用户的管理则在数据库之外由集中起来的目录服务完成。

4. 代理认证（Proxy Authentication）

代理认证是为代理用户设计一个中间层服务器，数据库管理员对中间层服务器进行授权，然后由中间层服务器进行认证。

7.1.2　创建用户

创建用户有两种方式：使用企业管理器或手工创建。

1. 使用企业管理器创建用户

（1）启动企业管理器后，单击"服务器"按钮，可看到"安全性"节点，如图 7.1 所示。

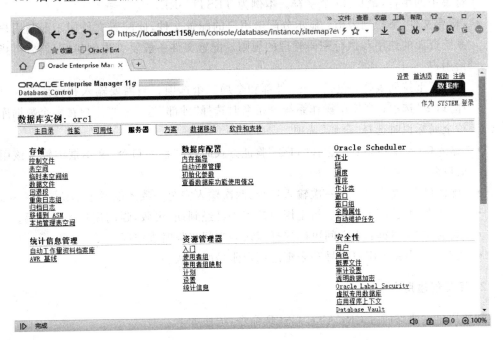

图 7.1　显示"安全性"节点

（2）单击"用户"链接，打开用户页面，单击"创建"按钮，弹出如图 7.2 所示的"创建用户"页面。

该页面包括一般信息、角色、系统权限、对象权限、限额等 7 个选项卡。其中，"一般信息"选项卡用来创建和维护用户的基本信息，可以进行如下信息的设置：

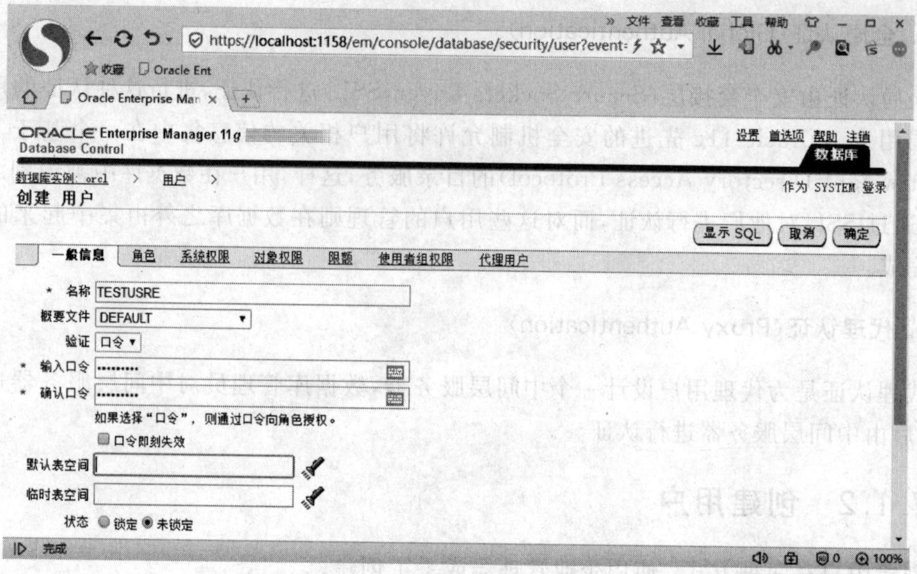

图 7.2 "创建用户"页面

- "名称"文本框：在该文本框中输入要创建的用户名，用户名一般采用 Oracle 11g 字符集中的字符，最长 30 个字符。本例为 TESTUSRE。
- "概要文件"下拉列表框：显示分配给用户的配置文件，此配置文件用于限制用户对系统资源的使用和执行密码管理的规则。配置文件一般要事先创建好，然后再指派给用户。
- "验证"下拉列表框：包括口令、外部和全局三个选项。当需要输入和验证口令时选择"口令"选项；当使用操作系统登录名时选择"外部"选项；当用户在多个数据库中被全局标识时选择"全局"选项。
- "输入口令"文本框：当选择"口令"验证方式时，在"输入口令"文本框中输入该用户的口令。
- "确认口令"文本框：再一次输入口令，两次输入完全一致才能通过确认。
- "口令即刻失效"复选框：指定用户的密码已经到期、失效，强制用户更改密码。
- "表空间"文本框：表空间可以选择默认表空间或临时表空间。
- 状态：分为锁定用户账号和未锁定用户账号两种状态。

2. 手工创建用户

创建用户主要是通过 CREATE USER 命令，语法如下：

```
CREATE USER 用户名
IDENTIFIED BY 密码|EXTERNALLY|GLOBALLY AS '外部名'
[DEFAULT TABLESPACE 默认表空间名称|TEMPORARY TABLESPACE 临时表空间名称
|QUOTA 数目[K|M]|UNLIMITED ON 表空间名称
|PROFILE 用户配置文件
|PASSWORD EXPIRE
|ACCOUNT LOCK|UNLOCK];
```

上面语法中各参数描述如下：

- IDENTIFIED BY 密码|EXTERNALLY|GLOBALLY AS'外部名'：定义了认证方式。这里有三种认证方式供选择，分别是数据库认证、外部认证和全局认证。

- DEFAULT TABLESPACE：只有在允许用户创建数据库对象（例如表或索引）时才需要它。否则，不需要默认的表空间。如果没有指定一个默认的表空间，那么新用户将继承创建它的用户的默认表空间。

- TEMPORARY TABLESPACE：Orcale11g 有时需要临时表空间对查询结果排序、执行一个连接或其他任务。如果省略了这个选项，则使用在 CREATE DATABASE 命令或者随后的 ALTER DATABASE 命令所指定的默认临时表空间（若未指定，则使用 SYSTEM 表空间）。

- QUOTA：配额，即在表空间中可以分配给用户的最大存储空间。利用 QUOTA 选项可以限制允许用户使用的表空间的数量。限制各用户的总存储空间可以防止数据库不受控制地增长，限制临时存储空间可以防止一个用户使用了太多的临时空间，导致其他用户的操作很慢或者停止。

- PROFILE：用户配置文件，是一个参数集合，用于限制用户对系统资源的使用和执行密码管理的规则，所有用户都必须有一个配置文件。如果在创建用户时这一选项没有指定，那么 Oracle 11g 为用户指定默认的配置文件 DEFAULT（在创建数据库之后创建的一个预定义配置文件）。

- PASSWORD EXPIRE：将密码设置为自动过期，过期的密码使数据库在用户下一次登录时强制用户更改其密码。

- ACCOUNT：即使一个用户提供了正确的密码或通过了操作系统的验证，这个选项将最终决定一个用户是否可以登录数据库。使用 ACCOUNT LOCK 选项锁定一个用户，可以有效地防止这个用户访问数据库。默认设置是 ACCOUNT UNLOCK，这允许用户使用新的用户名和密码登录。ACCOUNT LOCK 更常见的用法是与 ALTER USER 语句一起使用，以防止现有的用户访问数据库。

例7.1 创建一个数据库认证的用户 testuser1。以下脚本运行结果如图 7.3 所示。

```
CREATE USER testuser1 IDENTIFIED BY test#1
DEFAULT TABLESPACE users TEMPORARY TABLESPACE temp
QUOTA 10M ON USERS PROFILE DEFAULT ACCOUNT UNLOCK;
```

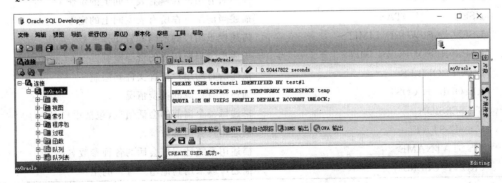

图 7.3 例 7.1 的运行结果

本例创建的用户 testuser1 采用数据库认证方式,密码为 test♯1,默认表空间为 users 表空间,临时表空间为 temp 表空间,对 users 表空间的限额为 10MB,使用默认的配置文件,账户不锁定。

例 7.2　创建一个外部认证的用户 win_user(该用户应该已是操作系统上的一个合法用户)。以下脚本运行结果如图 7.4 所示。

```
CREATE USER win_user IDENTIFIED EXTERNALLY DEFAULT TABLESPACE users
TEMPORARY TABLESPACE temp QUOTA 10M ON users;
```

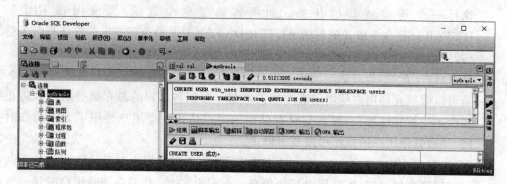

图 7.4　例 7.2 的运行结果

创建完用户 win_user 之后,就可以首先用这个账号登录操作系统,通过了操作系统的认证之后,在连接 Oracle 数据库时不必再次输入用户名和密码就可以直接进入数据库了。

7.1.3　查看用户

使用企业管理器查看数据库用户信息的方法与创建用户的页面相同。另外,Oracle 11g 在数据字典中提供了如表 7.1 所示的视图可以查看数据库用户的信息。

表 7.1　Oracle 11g 提供的用户信息视图

视　图　名	作　　用
DBA_USERS	描述数据库全部用户的账号信息
ALL_USERS	描述当前用户可以访问的所有账号信息
USER_USERS	描述当前用户的账号信息
DBA_TS_QUOTAS	描述所有用户在所有表空间上的定额
USER_TS_QUOTAS	描述当前用户在所有表空间上的定额
USER_PASSWORD_LIMITS	描述授予用户的密码配置文件参数
USER_RESOURCE_LIMITS	描述授予当前用户的资源限制
DBA_PROFILES	描述所有的用户配置文件和限制
RESOURCE_COST	描述所有资源的耗费情况
V $ SESSION	描述每一个当前的会话信息,包括用户名
V $ SESSTAT	描述用户会话参数统计
V $ STATNAME	描述用于统计用户会话的各种参数名称
PROXY_USERS	描述可以采用其他用户身份的用户

例7.3 查看当前数据库所有用户的账号信息、配置文件及状态。以下脚本运行结果如图7.5所示。

```
SELECT USERNAME,PROFILE,ACCOUNT_STATUS FROM DBA_USERS;
```

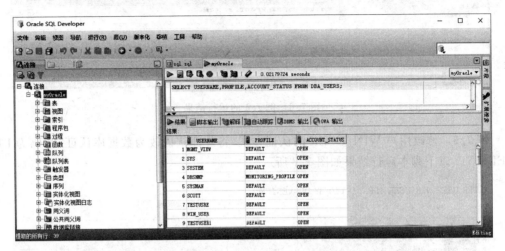

图7.5 例7.3的运行结果

7.1.4 修改用户

修改用户有两种方式：使用企业管理器或手工方式修改。

1．使用企业管理器修改用户

启动企业管理器后，展开"服务器"→"安全性"→"用户"节点，即可查看所有的用户。选中要编辑的用户，单击"编辑"按钮，在弹出的编辑用户的页面可对用户进行编辑。

2．使用手工方式修改用户

具有 ALTER USER 系统权限的用户可以使用 ALTER USER 命令修改用户信息，语法如下：

```
ALTER USER 用户名
IDENTIFIED BY 密码|EXTERNALLY|GLOBALLY AS '外部名'
[DEFAULT TABLESPACE 默认表空间名称
|TEMPORARY TABLESPACE 临时表空间名称
|QUOTA 数目[K|M]|UNLIMITED ON 表空间名称
|PROFILE 用户配置文件
|PASSWORD EXPIRE
|ACCOUNT LOCK|UNLOCK
|DEFAULT ROLE 默认角色名称];
```

例7.4 修改用户 TESTUSER1 的密码为 TRUE#1。以下脚本运行结果如图7.6所示。

```
ALTER USER TESTUSER1 IDENTIFIED BY TRUE#1;
```

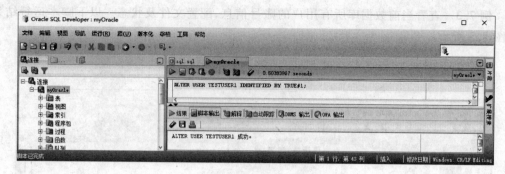

图 7.6　例 7.4 的运行结果

例 7.5　修改用户 WIN_USER 的认证方式,将外部认证改为数据库认证,密码为 DB_VERIFY。以下脚本运行结果如图 7.7 所示。

```
ALTER USER WIN_USER IDENTIFIED BY DB_VERIFY;
```

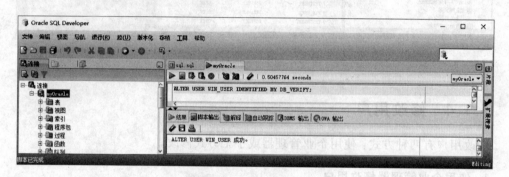

图 7.7　例 7.5 的运行结果

7.1.5　删除用户

删除用户有两种方式:使用企业管理器或手工删除。

1. 使用企业管理器删除用户

启动 Oracle 企业管理器,展开"服务器"→"安全性"→"用户"节点,选中要删除的用户,单击"删除"按钮即可删除该用户。

2. 手工删除用户

拥有 DROP USER 系统权限的用户(如 SYSTEM)可以删除其他数据库用户,语法如下:

```
DROP USER 用户名 [CASCADE];
```

使用 CASCADE 表示在删除用户的同时,还删除该用户所拥有的数据库对象(如表、索引、视图等)。

7.2 权限管理

创建数据库用户后,还须指定其访问数据库的能力,即向它授予一定的权限。登录数据库后,如果进行创建数据库对象等操作,则当前用户必须拥有该数据库对象上相应的操作权限。

7.2.1 权限的分类

Oracle 11g 数据库的权限分为系统权限(System Privileges)和对象权限(Object Privileges)两种。

1. 系统权限

系统权限能使用户进行某种或某类特定的数据库操作,表 7.2 是 Oracle 11g 中常见的系统权限。

表 7.2 Oracle 11g 中常见的系统权限

系 统 权 限	授予的能力
SYSDBA	允许用户打开、关闭数据库以及创建一个系统初始化参数文件。SYSTEM 和 SYS 用户拥有此项权限
SYSOPER	与 SYSDBA 相似,只是不包括创建数据库的能力
CREATE SESSION	允许用户登录数据库服务器并创建会话
CREATE TABLE(INDEX、VIEW)	分别允许用户在自己的模式中创建表、索引和视图
CREATE USER	创建新用户的权限。SYSTEM 用户拥有此项权限
CREATE PROCEDURE	在用户自己的模式中创建过程
CREATE TRIGGER	在用户自己的模式中创建触发器
CREATE SEQUENCE	在用户自己的模式中创建序列
CREATE TYPE	在用户自己的模式中创建类型
CREATE ANY TABLE	在数据库的任何模式中创建表
CREATE ANY VIEW	在数据库的任何模式中创建视图
CREATE ANY TYPE	在数据库的任何模式中创建类型
SELECT ANY TABLE	允许用户查询数据库中的任何表
INSERT ANY TABLE	在数据库的所有表中进行插入记录操作
UPDATE ANY TABLE	在数据库的所有表中进行更新操作
DELETE ANY TABLE	在数据库的所有表中进行删除记录操作
ALTER ANY TABLE	对数据库中的任何表结构的定义进行修改
DROP ANY TABLE	允许用户删除数据库中任何模式下的表
EXECUTE ANY PROCEDURE	执行数据库中的任何过程
EXECUTE ANY TYPE	引用和执行数据库中任何类型的方法
BACKUP ANY TABLE	允许用户使用 Export 实用程序导出数据库中任何表

GRANT ANY PRIVILEGE 允许用户(可能是 DBA)为其他用户分配任何系统权限。

2. 对象权限

对象权限属于某个数据库对象(如表、序列、过程、函数等),表 7.3 是 Oracle 11g 中常见的对象权限。

表 7.3 Oracle 11g 中常见的对象权限

对象权限	授予的能力
ALTER	可修改数据库对象,如表、序列的定义
DEBUG	运行一个调试程序,使用表或视图查看触发器和 SQL 命令
DELETE	从表或视图中删除记录
DEQUEUE	可使一条消息离开队列
ENQUEUE	可使一条消息加入到队列中
EXECUTE	可执行函数、包、过程或类型
INDEX	在表上创建索引
INSERT	可以把行插入到表、视图中,该权限可授予对象的特定列
READ	可访问目录
REFERENCE	可以创建引用表的外键
SELECT	对表、视图、序列进行查询
UNDER	可以在当前视图或类型之下创建子视图或子类型
UPDATE	更新表、视图中的记录,该权限可授予对象的特定列
WRITE	可以在目录中写文件

7.2.2 管理系统权限

管理系统权限有两种方式:使用企业管理器或手工方式管理。

1. 使用企业管理器管理系统权限

启动企业管理器后,展开"服务器"→"安全性"→"用户"节点,选中某数据库用户(如 TESTUSER),单击"编辑"按钮,则打开"编辑用户"页面,选择"系统权限"选项卡(如图 7.8 所示),则可以查看、授予或撤销该用户的系统权限。

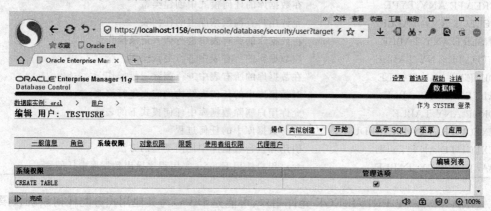

图 7.8 "系统权限"选项卡

2. 使用手工方式管理系统权限

(1) 授予系统权限。

授予系统权限使用 GRANT 命令,语法如下:

```
GRANT 系统权限 1[系统权限 2,…]|ALL [PRIVILEGES]
TO 用户名 1[用户名 2,…]|PUBLIC
[WITH ADMIN OPTION];
```

其中,WITH ADMIN OPTION 选项表示被授权用户能够将相同的系统权限授予其他用户。

例 7.6　授予用户 TESTUSER 创建表的系统权限,并允许 TESTUSER 管理创建表的系统权限。以下脚本运行结果如图 7.9 所示。

```
GRANT CREATE TABLE TO TESTUSER WITH ADMIN OPTION;
```

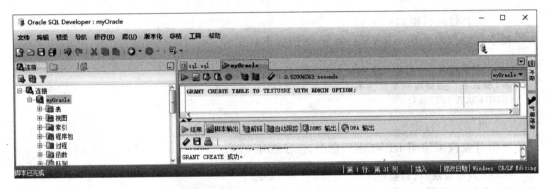

图 7.9　例 7.6 的运行结果

(2) 撤销系统权限。

撤销系统权限使用 REVOKE 命令,语法如下:

```
REVOKE 系统权限 1[,系统权限 2,…]|ALL [PRIVILEGES]
FROM 用户名 1[,用户名 2,…]|PUBLIC;
```

7.2.3　管理对象权限

管理对象权限有两种方式:使用企业管理器或手工方式管理。

1. 使用企业管理器管理对象权限

启动企业管理器后,展开"服务器"→"安全性"→"用户"节点,右击某数据库用户(如 TESTUSER),选中某数据库用户(如 TESTUSER),单击"编辑"按钮,则打开"编辑用户"页面,选择"对象权限"选项卡(如图 7.10 所示),则可以查看、授予或撤销该用户的对象权限。

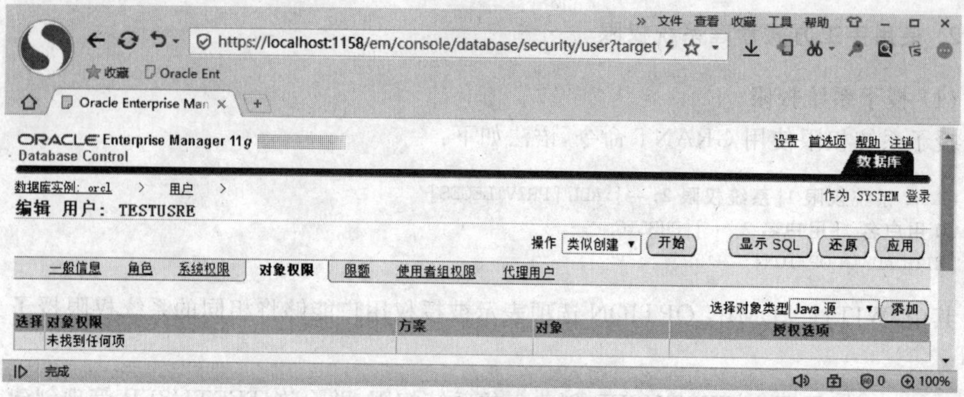

图 7.10 "对象权限"选项卡

2. 使用手工方式管理对象权限

（1）授予对象权限。

授予对象权限使用 GRANT 命令，语法如下：

```
GRANT 对象权限 1[,对象权限 2,…]|ALL [PRIVILEGES]
ON [模式名.]数据库对象[(列名 1[,列名 2,…])]
[WITH GRANT OPTION];
```

（2）撤销对象权限。

撤销对象权限使用 REVOKE 命令，语法如下：

```
REVOKE 对象权限 1[,对象权限 2,…]|ALL[PRIVILEGES]
ON [模式名.]数据库对象[(列名 1[,列名 2,…])]
FROM 用户名 1[,用户名 2,…]|PUBLIC
[CASCADE CONSTRAINTS][FORCE];
```

其中，CASCADE CONSTRAINTS 选项将会导致用 REFERENCES 权限定义的完整性约束被删除，FORCE 选项强制使用户定义的对象类型的 EXECUTE 权限被废除。

注意：撤销对象权限的操作是向下扩展的，而撤销系统权限则不然。当撤销一个用户的对象权限时，如果该用户以前将该权限授予过其他用户，那么撤销权限的操作就会一级一级地进行，即对其他用户而言，权限是自动撤销的。

7.3 角色管理

角色是权限的一种集合，使用角色可以简化安全性。通过把共享同样授权的用户分组并分别为每组创建一个角色，然后向角色授予相应的权限，最后再将角色授予每组中的各个用户，这样就可以让每个用户获得与同组中其他用户相同的权限。

7.3.1 预定义角色

Oracle 11g 提供的主要预定义角色如表 7.4 所示。

表 7.4　Oracle 11g 提供的主要预定义角色

角色名称	说　明
CONNECT	包括 ALTER SESSION、CREATE CLUSTER、CREATE DATABASE LINK、CREATE SEQUENCE、CREATE SESSION、CREATE SYNONYM、CREATE TABLE、CREATE VIEW 等系统权限
RESOURCE	包括 CREATE CLUSTER、CREATE INDEXTYPE、CREATE OPERATOR、CREATEPROCEDURE、CREATE SEQUENCE、CREATE TABLE、CREATE TRIGGER、CREATE TYPE 等系统权限
DBA	管理数据库,包括创建用户、配置文件和角色并授予权限;管理存储和安全性;启动和关闭数据库等任务
DELETE_CATALOG_ROLE	提供对系统审计表(AUD＄)的 DELETE 权限
SELECT_CATALOG_ROLE	提供选取在数据字典中对象的 SELECT 权限
EXECUTE_CATALOG_ROLE	提供执行在数据字典中对象的 EXECUTE 权限
EXP_FULL_DATABASE	提供执行完整的和增量的数据库输出所需要的权限,包括 SELECT ANY TABLE、BACKUP ANY TABLE、EXECUTE ANY PROCEDURE、EXECUTE ANY TYPE,也包含下面的角色: EXECUTE_CATALOG_ROLE 和 SELECT_CATALOG_ROLE
IMP_FULL_DATABASE	提供执行完整的数据库输入所需要的权限,包括一个系统权限的扩展表和如下角色: EXECUTE_CATALOG_ROLE 和 SELECT_CATALOG_ROLE
RECOVERY_CATALOG_OWNER	为恢复目录的拥有者提供权限,包括 CREATE SESSION、ALTER SESSION、CREATE SYNONYM、CREATE VIEW、CREATE DATABASE LINK、CREATE TABLE、CREATE CLUSTER、CREATE SEQUENCE、CREATE TRIGGER 和 CREATE PROCEDURE

7.3.2　创建角色

创建角色有两种方式:使用企业管理器或手工方式创建。

1. 使用企业管理器创建角色

启动企业管理器后,展开"服务器"→"安全性"→"角色"节点,单击"创建"按钮,则打开如图 7.11 所示的"创建角色"页面,该页面包含一般信息、角色、系统权限、对象权限等 5 个选项卡,其中"一般信息"选项卡用于设定角色名称和验证方式等。设置完毕后单击"确定"按钮,即可完成创建角色的操作。

2. 使用手工方式创建角色

具有 CREATE ROLE 系统权限的用户可以使用 CREATE ROLE 命令创建角色,语法如下:

```
CREATE ROLE 角色名 [NOT IDENTIFIED|IDENTIFIED BY 密码];
```

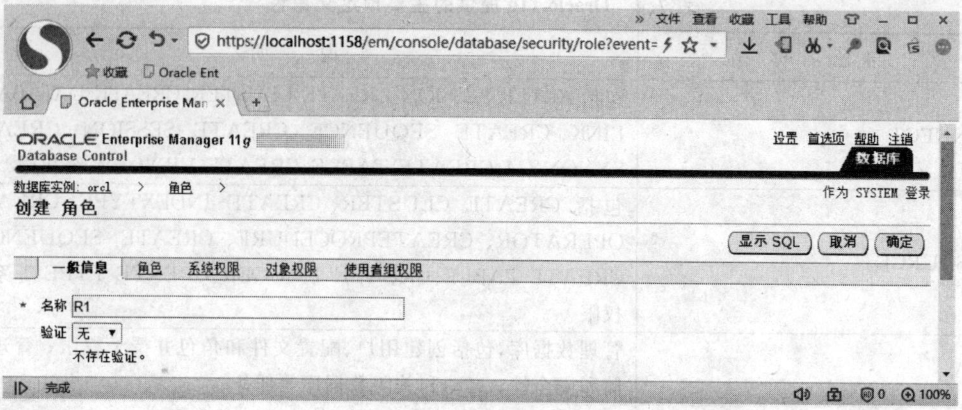

图 7.11 "创建角色"的页面

7.3.3 查看角色

查看角色有两种方式：使用企业管理器或手工方式查看。

1. 使用企业管理器查看角色

启动企业管理器后，展开"服务器"→"安全性"→"角色"节点，选中某角色（如 R1），单击
"查看"按钮，则打开"查看角色"页面（如图 7.12 所示），即可查看角色。

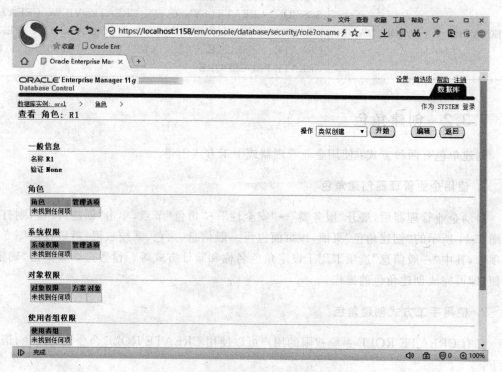

图 7.12 使用企业管理器查看角色

2. 使用手工方式查看角色

使用表 7.5 所示的视图可以查看角色信息。

表 7.5 Oracle 11g 提供的角色视图

视 图 名 称	说 明
ALL_TAB_PRIVS_MADE	授予的所有对象权限以及授予者
DBA_ROLE_PRIVS	包括用户和角色在内的所有角色和被授予者
DBA_ROLES	数据库中的所有角色
DBA_SYS_PRIVS	向用户或角色授予的所有系统权限
DBA_TAB_PRIVS	向用户或角色授予的所有对象权限
ROLE_ROLE_PRIVS	向当前用户可以启用的角色授予的其他角色
ROLE_SYS_PRIVS	向当前用户可以启用的角色授予的系统权限
ROLE_TAB_PRIVS	向当前用户可以启用的角色授予的对象权限
SESSION_ROLES	当前用户在目前的会话中被启用的角色

7.3.4 为角色授予或撤销权限

为角色授予或撤销权限有两种方式：使用企业管理器或手工方式管理。

1. 使用企业管理器为角色授予或撤销权限

启动企业管理器后,展开"服务器"→"安全性"→"角色"节点,选中某角色,单击"编辑"按钮,则弹出"编辑角色"页面,选择"系统权限"选项卡就可以为该角色授予或撤销系统权限,如图 7.13 所示。

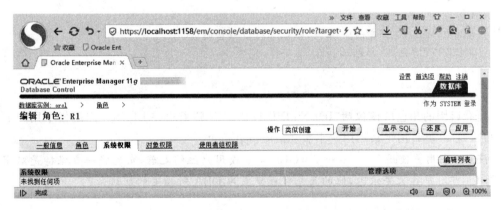

图 7.13 使用企业管理器为角色授予或撤销系统权限

若在"编辑角色"页面中选择"对象权限"选项卡,就可为该角色授予或撤销对象权限,如图 7.14 所示。

2. 使用手工方式为角色授予或撤销权限

语法与为用户授予或撤销权限相同。

图 7.14　使用企业管理器为角色授予或撤销对象权限

7.3.5　设置默认角色及启用、禁用角色

1. 设置默认角色

默认角色是用户登录数据库时自动启用的角色,设置用户默认角色使用 ALTER USER 命令,语法如下:

```
ALTER USER 用户名 DEFAULT ROLE 角色名;
```

2. 启用和禁用角色

启用和禁用角色使用 SET ROLE 命令,语法如下:

```
SET ROLE
角色 1[IDENTIFIED BY 密码][,角色 2[IDENTIFIED BY 密码],…]
|ALL [EXCEPT 角色 1[,角色 2,…]]
|NONE;
```

所有启用的角色应该包括"IDENTIFIED BY 密码"子句,ALL 用于启用授予用户的所有角色,而 NONE 用于禁用用户本次会话的所有角色。

注意:在用户使用另一个 SET ROLE 命令或用户注销之前,角色将一直保持是启用或禁用的。当用户再次登录时,他的角色将被重置为 DBA 所指定的默认角色。

7.3.6　删除角色

删除角色有两种方式:使用企业管理器或手工方式删除。

1. 使用企业管理器删除角色

启动企业管理器后,展开"服务器"→"安全性"→"角色"节点,选中要删除的角色,单击"删除"按钮,即可删除相应的角色。

2. 使用手工方式删除角色

删除角色一般由 DBA 使用 DROP ROLE 命令来完成,语法如下:

```
DROP ROLE 角色名;
```

7.4　小结

本章主要介绍了 Oracle 11g 的安全性管理知识,包括用户管理、权限管理和角色管理。

用户是使用数据库系统的所有合法操作者,用户认证有数据库认证、外部认证、全局认证和代理认证 4 种方式。用户管理包括创建、查看、修改和删除用户。

Oracle 11g 数据库的权限分为系统权限和对象权限两种。使用企业管理器和GRANT、REVOKE 等 SQL 命令可以查看、授予或撤销用户的权限。

角色是权限的一种集合,使用角色可以简化安全性。角色管理包括创建、查看和删除角色等。

习题 7

(1) 简述 Oracle 11g 的 4 种用户认证方式。
(2) 简述 Oracle 11g 数据库的权限分类。
(3) 简述角色的概念。

实验 5　Oracle 11g 数据库的安全性

【实验目的】
(1) 理解用户、权限和角色的概念。
(2) 掌握通过企业管理器和手工方式创建、查看、修改和删除用户的方法。
(3) 掌握通过企业管理器和手工方式向用户授予权限的方法。
(4) 掌握通过企业管理器和手工方式创建、查看和删除角色的方法。

【实验内容】
(1) 通过手工方式创建一个用户 NEWUSER,由数据库密码认证。
(2) 利用企业管理器中对该新用户进行设置,授予其合适的对象权限、系统权限(CREATE SESSION、CREATE TABLE 等)、定额。
(3) 通过手工方式创建一个新角色 NEWROLE,为该角色指定合适的对象权限和系统权限,然后利用企业管理器为用户 NEWUSER 指定该角色。

第8章
Oracle 11g数据库的恢复

实际使用数据库时可能会因某些异常情况使数据库发生故障,从而影响数据库中数据的正确性,甚至会破坏数据库使数据全部或部分丢失。因此发生数据库故障后,DBMS应具有数据库恢复的能力,这是衡量一个DBMS性能好坏的重要指标之一。

本章学习目标:

(1) 理解数据库备份的概念。

(2) 掌握Oracle 11g数据库的备份技术。

(3) 理解数据库恢复的概念。

(4) 掌握Oracle 11g数据库的恢复技术。

8.1 数据库备份概述

8.1.1 数据库备份的概念

所谓备份就是将数据库复制到某一存储介质中保存起来的过程,存放于存储介质中的数据库拷贝称为原数据库的备份或副本,这个副本包括了数据库所有重要的组成部分,如初始化参数文件、数据文件、控制文件和重做日志文件。数据库备份是Oracle 11g防护不可预料的数据丢失和应用程序错误的有效措施。

引起数据库故障并需要恢复的情况分为两大类:

1. 实例崩溃

实例崩溃是影响数据库最常出现的问题,可能由于意外断电、操作系统崩溃、软件内部错误等原因引起。通常实例崩溃不会永久地导致物理数据库结构的损失,Oracle 11g自身的实例崩溃恢复保护机制足以在重新启动数据库时自动完全恢复数据库,不需要用户参与。

2. 介质故障

由于用户的错误操作、文件错误或硬盘故障均可造成数据库文件的破坏或丢失。应付这类故障构成了DBA备份工作的主体。Oracle 11g数据库备份和恢复机制包括保护和恢复已损失各类文件的数据库所需的一切功能。

8.1.2　数据库备份的模式

数据库可运行在非归档(Noarchivelog)和归档(Archivelog)两种备份模式下。

在非归档模式下,数据库不能进行联机日志的归档,该模式下仅能保护数据库实例崩溃故障,而不能免于介质故障。只有最近存储于联机重做日志组中的数据库修改才可以用于实例崩溃恢复。

在归档模式下,数据库可实施联机日志的归档,该模式也称为介质可恢复模式。

查看一个数据库处于何种备份模式,可以通过脚本 ARCHIVE LOG LIST;查看当前数据库的备份模式,如图 8.1 所示(注:PL/SQL DEVELOPER 并不支持该命令,只能在 SQLPLUS 中运行,且要授权)

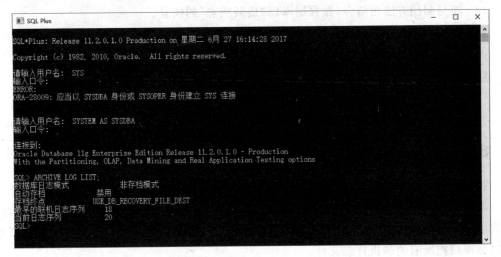

图 8.1　使用 PL/SQL 命令查看数据库备份模式

8.1.3　数据库备份的策略

结合自身数据库的特点,备份前应考虑如下要点,制订备份策略。

(1)用于备份的磁盘一定要和数据库数据文件、控制文件和联机日志文件所在的磁盘相分离。

(2)选择数据库的备份模式:强烈建议采用归档模式。

(3)在数据库进行结构性改动(如创建或删除一个表空间)的前后进行数据库备份。

(4)避免对联机日志文件进行备份。

8.2　Oracle 11g 数据库的备份

根据备份时数据库所处的状态,可将 Oracle 11g 数据库备份分为联机备份和脱机备份两种。

8.2.1　脱机备份

脱机备份是在数据库已正常关闭时进行的备份。脱机备份必须备份全部数据库文件，包括初始化参数文件、数据文件、控制文件和重做日志文件，它适用于规模比较小、业务量不大的数据库。

脱机备份时首先要正常关闭要备份的数据库，然后使用操作系统的复制命令进行备份。

脱机备份具有如下优点：

(1) 只需拷贝文件，所以简单而快速。

(2) 容易恢复到某个时间点上(只需将文件再拷贝回去)。

(3) 能与归档方法相结合，做数据库以"最新状态"的恢复。

(4) 低度维护，高度安全。

但是，脱机备份也具有如下缺点：

(1) 单独使用时，只能提供到"某一时间点上"的恢复。

(2) 在实施备份的全过程中，数据库必须处于关闭状态。

(3) 不能按表或用户恢复。

8.2.2　联机备份

联机备份是在数据库正常运行的情况下进行的物理备份。联机备份可以是数据库的部分备份，即只备份数据库的某个表空间、某个数据文件或控制文件等。联机备份时必须首先使数据库处于归档模式，这是因为从一个联机备份中还原总要涉及从日志文件中恢复事务，所以必须归档所有的联机日志文件。

设置数据库运行在归档模式时，可以先编辑初始化参数文件，修改参数 log_archive_start＝true(使归档进程自动执行归档操作)，然后执行以下脚本，运行结果如图 8.2 所示。

```
//关闭数据库
shutdown;
//启动例程，登录数据库，但不打开数据库
startup mount;
//将数据库切换到归档模式
alter database archivelog;
/ * 打开数据库 * /
alter database open;
```

联机备份具有如下优点：

(1) 可在表空间或数据文件级备份，备份时间短。

(2) 备份时数据库仍可使用。

(3) 可达到秒级恢复(恢复到某一时间点上)。

(4) 可对几乎所有数据库实体作恢复。

(5) 恢复是快速的，在大多数情况下在数据库仍工作时恢复。

但是，联机备份也具有如下缺点：

图 8.2　使用 PL/SQL 命令使数据库运行在归档模式

(1) 不能出错,否则后果严重。

(2) 若联机备份不成功,所得结果不可用于时间点的恢复。

(3) 较难维护,必须仔细小心,不能失败。

8.2.3　使用企业管理器进行联机备份

1. 准备工作

(1) 连接 Oracle 管理服务器(Oracle Management Server)。

要进行联机备份,必须连接到管理服务器。连接管理服务器的步骤是:

① 配置资料档案库。方法是选择"开始"→"所有程序"→Oracle-OraDb11g_Home1→
Enterprise Manager Configuration Assistant 命令,弹出配置向导进行配置。

② 启动企业管理器,以 sysman 管理员账号登录,如图 8.3 所示。

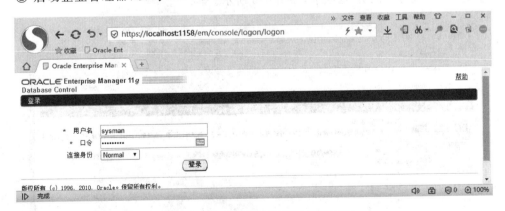

图 8.3　连接"管理服务器"的登录页面

注意:默认管理员是 sysman/oem_temp,系统管理员应该更改该口令。

③ 单击"确定"按钮,弹出如图 8.4 所示的"管理服务器"窗口。

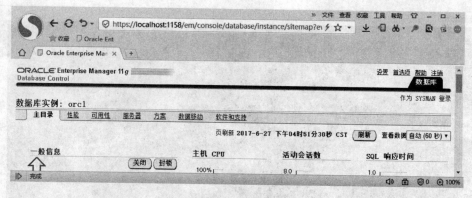

图 8.4　"管理服务器"窗口

（2）设置备份数据库的首选身份证明。

① 单击"首选项"链接，打开如图 8.5 所示的"编辑管理员首选项"页面。该页面由"一般信息"、"首选身份证明"和"通知"三个选项卡构成。

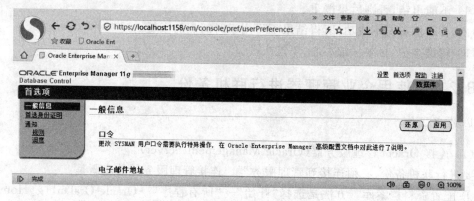

图 8.5　"编辑管理员首选项"页面

② 选择"首选身份证明"选项卡，如图 8.6 所示。

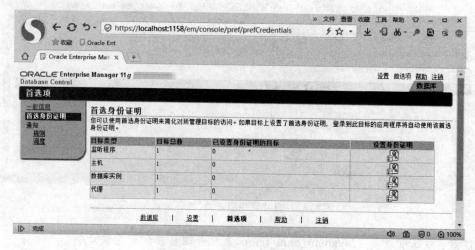

图 8.6　"首选身份证明"选项卡

③ 选中要设置的数据库，单击"设置身份证明"，打开如图 8.7 所示的"数据库首选身份证明"页面。然后在"用户名""口令"文本框中输入 FIRSTMAN 及其密码，单击"测试"按钮，即完成了数据库首选身份证明的操作。

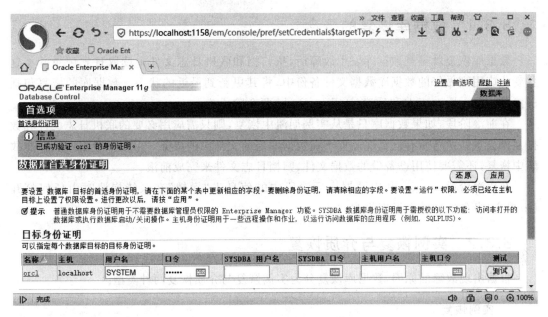

图 8.7 "数据库首选身份证明"页面

2. 使用备份管理进行备份

展开"可用性"→"备份/恢复"节点，单击"设置备份"，打开如图 8.8 所示的"备份设置"页面。该页面包括"设备""备份集"和"策略"三个选项卡。

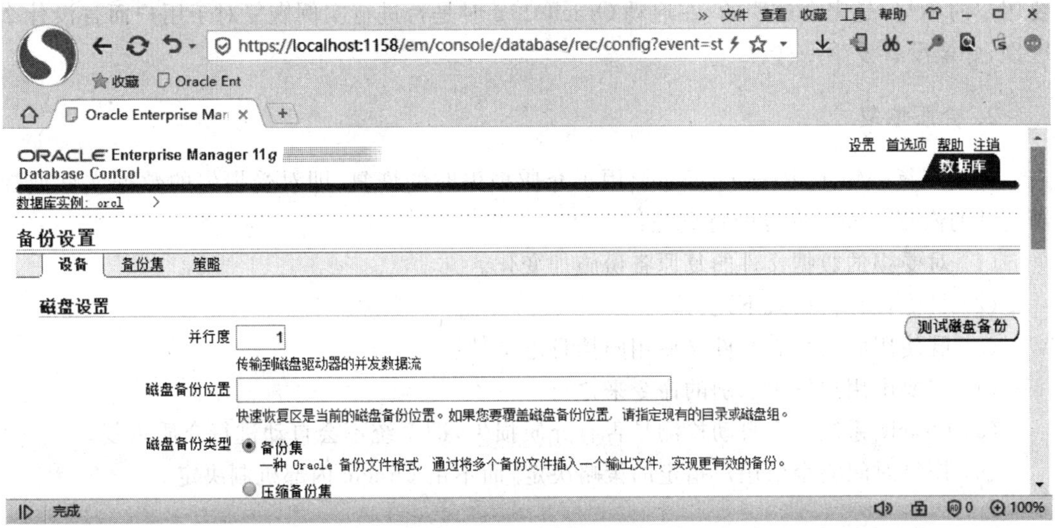

图 8.8 "备份设置"页面

8.3　数据库恢复概述

8.3.1　数据库恢复的概念

数据库恢复就是当数据库发生故障后,从归档和联机日志文件中读取日志记录并将这些变化应用到做好的数据库数据文件备份中,将其更新到最近的状态。数据库的恢复包括前滚(Rolling Forward)和后滚(Rolling Back)两个阶段。

在前滚阶段,如果数据库只是从实例崩溃中恢复,则只需应用必要的联机日志文件和数据文件去重新执行所有已提交的但不在数据库当前文件中的事务。但如果数据库从介质故障中恢复,还需要使用已备份的数据文件、归档日志文件来完成前滚。

在后滚阶段,Oracle 利用数据库后滚段中的信息去"撤销"在系统崩溃时由任何打开(未提交)事务所作的数据库修改。

8.3.2　实例恢复与介质恢复

根据出现故障的原因,数据库恢复分为实例恢复与介质恢复两种类型。

1. 实例恢复

实例恢复(Instance Recovery)用于将数据库从突然断电、应用程序错误等导致数据库实例、操作系统崩溃等情况下的恢复,其目的是恢复"死掉"的例程在高速缓冲区数据块中的变化,并关闭日志线程。实例恢复只需要联机日志文件和当前的联机数据文件,不需要归档日志文件。

实例恢复的最大特点是 Oracle 11g 在重启数据库时自动应用日志文件进行恢复,不需要用户的参与,是完全透明的,在启动 Oracle 11g 时是否进行实例恢复对于用户而言没什么区别,好像没有发生一样。

2. 介质恢复

介质恢复(Media Recovery)主要用于介质损失时的恢复,即对受损失的数据文件或控制文件的恢复。介质恢复的特点是:

(1) 对受损的数据文件的复原备份施加变化。

(2) 只能在存档模式下进行。

(3) 既使用联机日志文件又使用归档日志文件。

(4) 需要由用户发出明确的命令来执行。

(5) Oracle 系统不会自动检测是否有介质损失,即系统不会自动进行介质恢复。

(6) 恢复时间完全由用户指定的策略决定,而不由 Oracle 内部机制决定。

8.3.3　完全恢复和不完全恢复

按照介质恢复的程度,可将恢复分为完全恢复和不完全恢复两种类型。

1. 完全恢复

完全恢复就是恢复所有已提交事务的操作,即将数据库、表空间或数据文件的备份更新到最近的时间点上。在数据文件或控制文件遭到介质损失之后,一般都要进行完全恢复。

如果对整个数据库进行完全恢复,可执行以下操作:

(1)登录数据库。

(2)确保要恢复的所有文件都联机。

(3)将整个数据库或要恢复的文件进行复原。

(4)施加联机日志文件和归档日志文件。

如果对一个表空间或数据文件进行完全恢复,可执行以下操作:

(1)如果数据库已打开,可将要恢复的表空间或数据文件处于脱机状态。

(2)将要恢复的数据文件进行复原。

(3)施加联机日志文件和归档日志文件。

2. 不完全恢复

不完全恢复使用数据库的备份来产生一个数据库的非当前版本,即将数据库恢复到某一特定的时刻。通常在以下情况下需要进行不完全恢复:

(1)介质损失破坏了联机日志文件的部分或全部记录。

(2)用户操作错误造成了数据损失。

(3)由于丢失了归档日志文件,不能进行完全恢复。

(4)丢失了当前的控制文件,必须使用控制文件的备份来打开数据库。

Oracle11g 支持 4 种类型的不完全恢复:

(1)基于时间的恢复(Time-based Recovery)。将已提交事务恢复到某个时间点为止。

(2)基于更改的恢复(Change-based Recovery)。将已提交事务恢复到一个特定的系统修改序列号(SCN)为止。Oracle 为每一个提交事务都分配了唯一的 SCN。

(3)基于取消的恢复(Cancel-based Recovery)。将已提交事务恢复到某个特定日志组的应用为止。

(4)日志序列恢复(Log Sequence Recovery)。将数据库恢复到指定的日志序列号。

8.4 Oracle 11g 数据库的恢复

Oracle 11g 的数据库恢复可以使用企业管理器或手工方式来进行。

8.4.1 使用企业管理器进行数据库恢复

数据恢复的步骤如下:

(1)启动企业管理器后,展开"可用性"→"备份/恢复"节点,单击"执行恢复"按钮,弹出如图 8.9 所示的"执行恢复"页面。

(2)选择"恢复范围",如图 8.10 和图 8.11 所示,可选择"整个数据库"或"表"。

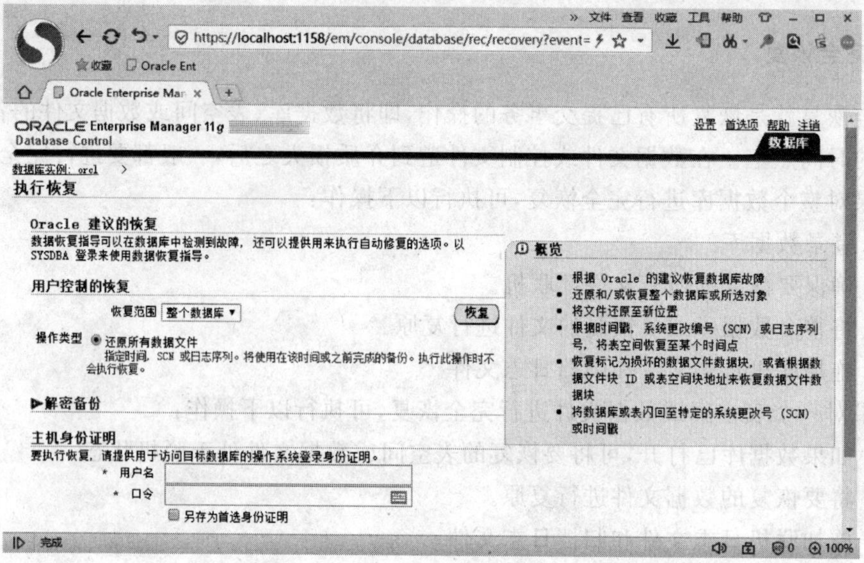

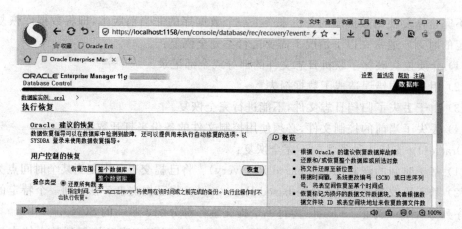

图 8.9 "执行恢复"页面

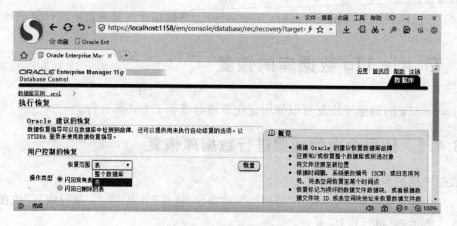

图 8.10 "恢复范围"—数据库

图 8.11 "恢复范围"—表

（3）要执行恢复，除了选择"恢复范围"外，还需要提供用于访问目标数据库的操作系统登录身份证明，即进行主机身份认证，如图 8.12 所示。

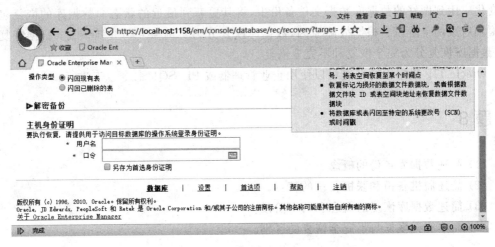

图 8.12　"主机身份认证"

（4）单击"恢复"按钮即可进行恢复。

8.4.2　使用 PL/SQL 命令进行数据库恢复

Oracle 11g 强烈推荐使用 RECOVER 语句而非 ALTER DATABASE RECOVER 语句来执行介质恢复。因为在大多数情况下，前者更容易实现且效率较高。RECOVER 命令的语法如下：

```
RECOVER [AUTOMATIC]
DATABASE|TABLESPACE 表空间名 1[,表空间名 2,…]|DATAFILE 数据文件名 1[,数据文件名 2,…]
[UNTIL CANCEL|TIME 时间|CHANGE 数字]
USING BACKUP CONTROLFILE;
```

上面语法中各参数描述如下：
- DATABASE、TABLESPACE、DATAFILE：分别表示恢复数据库、表空间和数据文件。
- UNTIL CANCEL|TIME|CHANGE：分别表示指定一个基于取消、基于时间、基于修改的不完全恢复。
- USING BACKUP CONTROLFILE：表示使用备份的控制文件。

8.5　小结

本章主要介绍了数据库备份和恢复的概念以及 Oracle 11g 数据库备份与恢复的策略和方法。

数据库备份是 DBMS 防护不可预料的数据损失和应用程序错误的有效措施。

Oracle 11g 数据库的备份分为脱机备份和联机备份两种，使用企业管理器可以进行

Oracle 11g 数据库的联机备份。

数据库恢复就是当数据库发生故障后,从归档和联机日志文件中读取日志记录并将这些变化应用到做好的数据库数据文件备份中,将其更新到最近的状态。数据库的恢复包括前滚和后滚两个阶段。根据故障原因,数据库恢复分为实例恢复与介质恢复;根据恢复程度,数据库恢复分为完全恢复和不完全恢复。

Oracle 11g 数据库的恢复可以使用企业管理器或 PL/SQL 命令手工进行。

习题 8

(1) 简述数据库备份的概念。
(2) 简述脱机备份和联机备份的特点。
(3) 简述数据库恢复的概念和两个阶段。
(4) 简述完全恢复与不完全恢复的区别。

实验 6　Oracle 11g 数据库的恢复

【实验目的】
(1) 理解数据库备份和恢复的概念。
(2) 掌握使用企业管理器进行 Oracle 11g 数据库备份的方法。
(3) 掌握使用企业管理器进行 Oracle 11g 数据库恢复的方法。

【实验内容】
(1) 使用企业管理器备份 Student 数据库。
(2) 使用企业管理器恢复 Student 数据库。

第9章 Oracle 11g数据库的完整性与并发控制

前面已介绍了 Oracle 11g 数据库的故障恢复和安全性控制,除此之外,Oracle 11g 还提供了对数据库的完整性和并发控制技术。

本章学习目标:

(1) 理解数据库完整性的概念。

(2) 掌握完整性约束、触发器等数据库完整性技术。

(3) 理解事务的概念与 ACID 性质。

(4) 掌握事务中的 COMMIT、ROLLBACK、SAVEPOINT、SET TRANSACTION 语句。

(5) 掌握 Oracle 11g 的封锁机制。

9.1 完整性控制

数据库的完整性是指保证数据库中数据及语义的正确、相容和有效,防止任何对数据造成错误的操作。数据库的完整性一般包括实体完整性、参照完整性和用户自定义完整性三种,Oracle 11g 允许定义和实施这三种类型的完整性规则,这些规则可用完整性约束和触发器来定义。

9.1.1 完整性约束

完整性约束是指数据库中数据所具有的制约和依存规则,用以限定数据库的状态以及状态的变化。完整性约束的使用方法参见 6.1.2 节。使用完整性约束实施完整性规则的好处是:

(1) 完整性约束可在创建和修改表时定义,对完整性规则的实施优于应用程序中的复杂编码和触发器。

(2) 完整性约束存储在数据字典中,任何对表的更新操作都必须遵守该表所定义的完整性约束。

(3) 由于可以临时禁用完整性约束,使得装载大量数据时可以避免约束检查的开销。当数据装载完成时再启用完整性约束,任何破坏完整性约束的数据将在例外表中列出。

9.1.2　触发器

1. 触发器的概念

触发器类似于过程和函数,也是一个 PL/SQL 命名块,但它不需显式调用,而是当相应事件发生时,被激发在后台自动运行。使用触发器的好处如下:

(1) 维护不可能在表创建时通过声明进行的复杂完整性限制。

(2) 通过记录修改内容和修改者来审计表中的信息。

(3) 当表被修改时,自动给其他需要在该表上执行操作的程序发出信号。

一个触发器一般是由触发事件、发生事件的对象、触发条件和触发器体 4 部分组成。触发事件可以是 DML 语句、DDL 语句或系统事件(如数据库启动和关闭等),根据触发事件的不同,可将触发器分为 DML 触发器、DDL 触发器、系统触发器和替代触发器 4 种类型。

- DML 触发器:定义在表上的触发器,由 INSERT、DELETE 和 UPDATE 等 DML 语句触发。创建 DML 触发器要明确规定执行 SQL 语句时的 BEFORE/AFTER 选项,同时指定是行级触发器(触发语句每影响表的一行,触发器就被触发一次)还是语句级触发器(触发器只在相应语句被执行时触发一次,并不针对每一行)。

- DDL 触发器:定义在用户模式上的触发器,由 CREATE、ALTER 或 DELETE 等语句触发。

- 系统触发器:定义在数据库上的触发器,由表 9.1 所示的系统事件触发。

表 9.1　系统事件触发器支持的系统事件

系统事件名称	说　明
SERVERERROR	服务器发生错误
LOGON	登录数据库
LOGOFF	注销数据库
STARTUP	打开数据库
SHUTDOWN	关闭数据库

- 替代触发器:定义在视图上的触发器,由 INSERT、DELETE 和 UPDATE 等语句触发。因为直接对有些视图的 INSERT、DELETE 和 UPDATE 操作是非法的,使用替代触发器则可以将这些操作合法替代为对相应基表的操作。创建替代触发器不能加 BEFORE/AFTER 选项。

2. 创建触发器

语法:

```
CREATE OR REPLACE TRIGGER 触发器名
< BEFORE | AFTER | INSTEAD OF > 触发事件 ON DATABASE | 用户模式名 | 表名 | 视图名 |
[REFERENCING < OLD AS 旧值别名 > | < NEW AS 新值别名 > | < PARENT AS 父表别名 >
[FOR EACH ROW] [WHEN 触发条件]
触发器体;
END 触发器名;
```

上面语法中的主要参数描述如下：

- BEFORE | AFTER | INSTEAD OF：BEFORE 表示在执行触发语句之前触发，AFTER 表示在执行触发语句之后触发，INSTEAD OF 表示创建替代触发器。
- REFERENCING：行级触发器的触发器体可以引用一些特定的条件谓词 INSERTING、DELETING 和 UPDATING。OLD 指定在条件谓词执行前引用字段旧值时要使用的名称；NEW 指定在条件谓词执行后引用字段新值时要使用的名称；如果触发器定义在参照表上，PARENT 指定被参照表的当前行。
- FOR EACH ROW：指定为行触发器。
- WHEN：指定触发条件。但该语句不能在语句级触发器中使用。
- 触发器体：可以是 PL/SQL 块，也可以是 CALL 过程名的形式。

例 9.1 创建一个 DML 触发器：用于每次对表 SYSTEM.STUDENT_LJH 进行 DML 操作（插入、删除和修改）前，首先在屏幕上显示该学生原来的年龄、现在的年龄以及新旧年龄的差值。

```
CREATE OR REPLACE TRIGGER SYSTEM.PRINT_SAGE_TRIGGER
    BEFORE INSERT OR DELETE OR UPDATE ON SYSTEM.STUDENT_LJH
FOR EACH ROW
DECLARE
    AGEDIFF NUMBER(3,0);
BEGIN
    AGEDIFF:= :NEW.SAGE - :OLD.SAGE;
    DBMS_OUTPUT.PUT_LINE('原来的年龄:'||:OLD.SAGE);
    DBMS_OUTPUT.PUT_LINE('现在的年龄:'||:NEW.SAGE);
    DBMS_OUTPUT.PUT_LINE('新旧年龄的差值:'||AGEDIFF);
END PRINT_SAGE_TRIGGER;
```

例 9.2 创建一个 DDL 触发器：用于自动记录用户 SYSTEM 模式下创建数据库对象时的用户名、对象名、对象类型及创建时间。

首先创建一个表用于保存创建数据库对象时的各类信息：

```
CREATE TABLE SYSTEM.OBJECT_CREATED
( OBJECT_OWNER VARCHAR2(10),OBJECT_NAME VARCHAR2(30),
    OBJECT_TYPE VARCHAR2(20),CREATE_TIME DATE);
```

然后创建一个 DDL 触发器，触发事件为 CREATE：

```
CREATE OR REPLACE TRIGGER SYSTEM.CREATE_OBJECT_TRIGGER
    AFTER CREATE ON SYSTEM.SCHEMA
BEGIN
    INSERT INTO SYSTEM.OBJECT_CREATED VALUES(SYS.DICTIONARY_OBJ_OWNER,
    SYS.DICTIONARY_OBJ_NAME,SYS.DICTIONARY_OBJ_TYPE,SYSDATE);
END CREATE_OBJECT_TRIGGER;
```

例 9.3 创建一个系统触发器：用于自动记录用户登录数据库时的用户名、数据库名和登录时间。

首先创建一个表用于保存用户登录数据库时的各类信息：

```
CREATE TABLE SYSTEM.LOG_DATABASE
  ( LOGUSER VARCHAR2(10),DATABASE_NAME VARCHAR2(30),LOG_TIME DATE);
```

然后创建一个系统触发器,触发事件为 LOGON:

```
CREATE OR REPLACE TRIGGER SYSTEM.LOG_DATABASE_TRIGGER
  AFTER LOGON ON DATABASE
BEGIN
  INSERT INTO SYSTEM.LOG_DATABASE VALUES(SYS.LOGIN_USER,SYS.DATABASE_NAME,SYSDATE);
END LOG_DATABASE_TRIGGER;
```

例 9.4 创建一个替代触发器:用于替代一个针对基于三表连接查询的视图上的更新操作。

首先创建一个基于三表的视图:

```
CREATE VIEW SYSTEM.S_C_SC_VIEW AS
  SELECT X.SNO,SNAME,SSEX,SAGE,SCLASS,Y.CNO,CNAME,CCREDIT,GRADE
  FROM SYSTEM.STUDENT_LJH X,SYSTEM.COURSE_LJH Y,SYSTEM.SCORE_LJH Z
  WHERE X.SNO = Z.SNO AND Y.CNO = Z.CNO;
```

然后创建一个替代触发器,触发事件为 INSERT:

```
CREATE OR REPLACE TRIGGER SYSTEM.S_C_SC_VIEW_TRIGGER
  INSTEAD OF INSERT ON SYSTEM.S_C_SC_VIEW
  REFERENCING NEW AS N
  FOR EACH ROW
DECLARE
  ROWCOUNT NUMBER;
BEGIN
  SELECT COUNT( * ) INTO ROWCOUNT FROM SYSTEM.STUDENT_LJH WHERE SNO = :N.SNO;
  IF ROWCOUNT = 0 THEN
    INSERT INTO SYSTEM.STUDENT_LJH VALUES(:N.SNO,:N.SNAME,:N.SSEX,:N.SAGE,:N.SCLASS);
  ELSE UPDATE SYSTEM.STUDENT_LJH SET SNAME = :N.SNAME,SSEX = :N.SSEX,SCLASS = :N.SCLASS
      WHERE SNO = :N.SNO;
  END IF;
  SELECT COUNT( * ) INTO ROWCOUNT FROM SYSTEM.COURSE_LJH WHERE CNO = :N.CNO;
  IF ROWCOUNT = 0 THEN
    INSERT INTO SYSTEM.COURSE_LJH VALUES(:N.CNO,:N.CNAME,:N.CCREDIT);
  ELSE UPDATE SYSTEM.COURSE_LJH SET CNAME = :N.CNAME,CCREDIT = :N.CCREDIT
      WHERE CNO = :N.CNO;
  END IF;
  SELECT COUNT( * ) INTO ROWCOUNT FROM SYSTEM.SCORE_LJH WHERE SNO = :N.SNO AND CNO = :N.CNO;
  IF ROWCOUNT = 0 THEN
    INSERT INTO SYSTEM.SCORE_LJH VALUES(:N.SNO,:N.CNO,:N.GRADE);
  ELSE UPDATE SYSTEM.SCORE_LJH SET GRADE = :N.GRADE
      WHERE SNO = :N.SNO AND CNO = :N.CNO;
  END IF;
END S_C_SC_VIEW_TRIGGER;
```

9.2　并发控制

数据库是一个共享资源,可被多个用户同时访问。为了有效地利用数据库资源,多个应用程序或一个应用程序的多个进程常常同时访问数据库中的同一数据,这就是数据库的并发操作。如果对并发操作不加以合理地控制,有可能会存取不正确的数据,甚至破坏数据库数据的一致性。因此,Oracle 11g 一个重要的任务就是要有一种机制去保证这种并发的存取和修改不破坏数据的完整性,确保这些事务能正确地运行,并取得正确的结果。事务是并发操作的基本单元,封锁是 Oracle 11g 进行并发控制的有效机制。

9.2.1　事务

1. 事务的概念

事务是数据库的最小逻辑工作单元(即一个原子单位),是对数据库的一个操作序列,由一个或多个 PL/SQL 语句组成。组成事务的所有操作要么全做,要么全不做(回滚)。

例如:要将 1000 元由银行账户 A 转至账户 B,可以把它定义为一个事务 T,由两个操作组成:

```
A: = A - 1000;
B: = B + 1000;
```

如果执行上述第一个操作后,由于某种异常原因第二个操作没有成功执行,这时就出现了数据的不一致。所以组成事务 T 的这两个操作要么全做,要么全不做,这样才能保证数据的一致性。

事务以组成事务的第一个可执行的 PL/SQL 语句隐式开始,也可以 SET TRANSACTION 语句显式开始;以 COMMIT(提交)或 ROLLBACK(回滚)结束。

2. 事务的 ACID 性质

(1) 原子性(Atomicity)。事务是数据库的逻辑工作单位,事务包括的诸操作要么全做,要么全不做。

(2) 一致性(Consistency)。事务的执行必须保证数据库从一个一致性状态转到另一个一致性状态。

(3) 隔离性(Isolation)。一个事务的执行不能被其他事务干扰,并发执行的各个事务间应互相独立。

(4) 持久性(Durability)。事务一旦提交,它对数据库中数据的改变应是永久的。

3. 事务中的 COMMIT、ROLLBACK、SAVEPOINT、SET TRANSACTION 语句

(1) COMMIT 语句。

COMMIT 语句表示结束当前事务 T,事务 T 所做的更新永久地写入数据库,施加在事务 T 上的所有封锁以及事务 T 所占用的一切资源自动释放,这时其他事务可以查询和更新

事务 T 提交后的数据库,而在事务 T 提交之前,只有事务 T 可以看到自己对数据库所做的更新。

例 9.5　一个 COMMIT 语句的应用。

```
/* 注释 1 */
INSERT INTO SYSTEM.STUDENT_LJH VALUES(SYSTEM.SNOSEQ.NEXTVAL,'李芳','女',20,'网络工程 52');
/* 注释 2 */
SELECT * FROM SYSTEM.STUDENT_LJH WHERE SNAME = '李芳';
/* 注释 3 */
COMMIT;
/* 注释 4 */
INSERT INTO SYSTEM.STUDENT_LJH VALUES(SYSTEM.SNOSEQ.NEXTVAL,'江南','男',19,'网络工程 52');
```

说明:

① 注释 1 处隐式开始一个事务。

② 注释 2 前向数据库插入一条记录。

③ 注释 3 前由于事务没有结束,所以只有当前用户可以看到新插入"李芳"记录的信息,而且该条记录自动封锁,其他用户不能查询和更新该条记录。

④ 注释 4 前发出 COMMIT 命令,表示当前事务结束,所插入的"李芳"记录永久地写入数据库,且该条记录上的封锁自动解除,任何一个连接到当前数据库的用户都可以看到数据库中新插入记录的信息,并可以对其进行更新。如果 COMMIT 语句后还有 PL/SQL 语句,将意味着下一个事务的开始。

(2) ROLLBACK 语句。

ROLLBACK 语句表示结束当前事务 T,事务 T 所做的更新全部撤销,施加在事务 T 上的所有封锁以及事务 T 所占用的一切资源自动释放,这时其他事务可以查询和更新事务 T 提交后的数据库,而在事务 T 提交之前,只有事务 T 可以看到自己对数据库所做的更新。

例 9.6　一个 ROLLBACK 语句的应用。

```
/* 注释 1 */
UPDATE SYSTEM.STUDENT_LJH SET SCLASS = '网络工程 52' WHERE SNAME = '李芳';
/* 注释 2 */
SELECT * FROM SYSTEM.STUDENT_LJH WHERE SNAME = '李芳';
/* 注释 3 */
ROLLBACK;
/* 注释 4 */
SELECT * FROM SYSTEM.STUDENT_LJH;
```

说明:

① 注释 1 处隐式开始一个事务。

② 注释 2 前修改了一条记录。

③ 注释 3 前由于事务没有结束,所以只有当前用户可以对"李芳"记录进行修改,而且该条记录自动封锁,其他用户不能查询和更新该条记录。

④ 注释 4 前发出 ROLLBACK 命令,表示当前事务结束,对"李芳"记录所做的修改撤销,且该条记录上的封锁自动解除,任何一个连接到当前数据库的用户都可以看到数据库中"李芳"记录原有的信息,并可以对其进行更新。如果 COMMIT 语句后还有 PL/SQL 语句,

将意味着下一个事务的开始。

注意：当应用程序或服务器发生严重故障时，Oracle 11g 将隐式地执行 ROLLBACK。

（3）SAVEPOINT 语句。

回滚一个很大的事务会增加不必要的时间开销，一般处理方法是利用 SAVEPOINT 语句将一个大的事务分成许多小块，每个小块作为一个保存点，这样在执行事务时若发生错误，只是回滚到最近或指定的保存点，而不是撤销整个事务，很大程度上节省了时间。

例 9.7　一个 SAVEPOINT 语句的应用。

```
/*注释 1*/
INSERT INTO SYSTEM.STUDENT_LJH VALUES(SYSTEM.SNOSEQ.NEXTVAL,'李云','女',20,'网络工程 52');
SAVEPOINT A;
/*注释 2*/
INSERT INTO SYSTEM.STUDENT_LJH VALUES(SYSTEM.SNOSEQ.NEXTVAL,'张静','女',20,'网络工程 52');
SAVEPOINT B;
/*注释 3*/
INSERT INTO SYSTEM.STUDENT_LJH VALUES(SYSTEM.SNOSEQ.NEXTVAL,'周勇','男',20,'网络工程 52');
SAVEPOINT C;
/*注释 4*/
ROLLBACK TO SAVEPOINT B;
/*注释 5*/
SELECT * FROM SYSTEM.STUDENT_LJH;
COMMIT;
```

说明：

① 注释 1 处隐式开始一个事务。

② 注释 2～注释 4 前分别定义保存点 A、B、C。

③ 注释 5 前发出 ROLLBACK TO SAVEPOINT B 命令，表示将事务回滚到保存点 B，对'周勇'记录的插入将被撤销。

④ 注释 5 后执行检索命令，将看到数据库中新插入的"李云"和"张静"记录的信息。COMMIT 语句表示整个事务的结束。

（4）SET TRANSACTION 语句。

SET TRANSACTION 语句可以显示地启动一个事务。语法是：

```
SET TRANSACTION 参数;
```

SET TRANSACTION 语句中的参数可以是下述几种：

- READ ONLY：表示建立只读事务，此事务中任何执行 INSERT、DELETE、UPDATE 或 SELECT FOR UPDATE 等命令都属非法，该事务不用指定回滚段。
- READ WRITE：表示建立读写事务，此事务中可以执行 INSERT、DELETE、UPDATE 或 SELECT FOR UPDATE 等命令。
- ISOLATION LEVEL SERIALIZABLE：表示任何试图操作已经修改但尚未提交的数据对象的 DML 事务将失败。
- ISOLATION LEVEL READ COMMITTED：这是 Oracle 11g 的默认设置，表示任何试图操作已经修改但尚未提交的数据对象的 DML 事务将等待前面的 DML 封锁解除。

- USE ROLLBACK SEGMENT 回滚段名：给事务指定一个回滚段，默认情况下 Oracle 11g 会自动给事务指定一个回滚段。

例 9.8　创建一个只读事务，用来统计学生表中的学生人数。

```
SET SERVEROUTPUT ON;
DECLARE
  TOTAL NUMBER;
BEGIN
  SET TRANSACTION READ ONLY;
  SELECT COUNT( * ) INTO TOTAL FROM SYSTEM. STUDENT_LJH;
  DBMS_OUTPUT. PUT_LINE('学生人数：'||TOTAL);
  COMMIT;
END;
```

由于建立了只读事务，所以在该事务执行期间就不用担心其他用户对学生表所作的更新。

9.2.2　并发操作可能引起的数据不一致

并发操作提高了并发度，使数据库资源得到了充分共享，但如果不进行合理地控制，可能会引起下述三类数据的不一致：

(1) 丢失修改。指事务 T1 和 T2 从数据库中读取同一数据并修改，T2 提交的结果导致了 T1 的修改丢失。

(2) 不可重复读。指事务 T1 读取数据后，事务 T2 对同一数据执行更新操作，使得 T1 无法再现先前读取的结果。

(3) 读脏数据。事务 T1 修改某一数据并将其写回磁盘，事务 T2 读取同一数据后，T1 由于某种原因被回滚，使得 T1 已修改过的数据被恢复成原值，T2 先前读到的数据就与此时数据库中的数据不一致。"脏"数据就是未提交而又被回滚的数据。

9.2.3　Oracle 11g 的封锁机制

在多用户数据库中一般采用封锁技术来解决并发操作可能引起的数据一致性问题。封锁是防止存取同一资源的用户之间进行破坏性干扰的机制，该干扰是指不正确地修改数据或不正确地更改数据。

1. 封锁的概念

任何事务 T 在对某数据操作之前，先向系统发出请求对其加锁。加锁后事务 T 就对该数据拥有了一定的控制权，在事务 T 释放锁之前，其他事务不能更新该数据。

事务结束（提交或回滚）及某些事件发生时将自动地释放该事务施加在访问数据上的所有封锁。

2. Oracle 11g 的封锁类型

从封锁的对象来看，封锁可以分为表级封锁和记录级封锁。从施加封锁的方式来看，封锁可以分为隐式封锁和显式封锁。

(1) 表级封锁。

表级封锁是指当一个事务访问一个表时,对该表实施数据封锁以确保当前事务可以访问表中数据,阻止其他事务同时对表进行相关操作而造成冲突,从而保护表中的数据。表级封锁可以隐式或显式地施加。

LOCK TABLE 语句可以显式地施加表级封锁,语法如下:

```
LOCK TABLE 表名 IN 封锁模式 MODE [NOWAIT];
```

其中 NOWAIT 选项表示当事务 T 试图封锁一个表时,若该表已被别的事务封锁,则系统立即将控制返回给事务 T;如果未指定 NOWAIT 选项,则表示事务 T 将一直等待至该表已有的封锁被解除才能封锁该表,开始执行事务 T。

封锁模式可以有以下 5 种:

- ROW SHARE(行共享封锁,RS):这是一种限制性最小的封锁,表示事务在封锁表的同时允许其他事务对同一表进行查询、插入、删除、修改和封锁(LOCK TABLE),但其他事务封锁的类型不能是 X。该封锁可以在执行 SELECT…FOR UPDATE OF…语句时隐式施加。
- ROW EXCLUSIVE(行排他封锁,RX):该封锁发生在一个表的多条记录被更新时,表示事务在封锁表的同时允许其他事务对同一表进行查询、插入、删除、修改和封锁(LOCK TABLE),但其他事务封锁的类型不能是 S、SRX、X。该封锁可以在执行 INSERT、DELETE、UPDATE 语句时隐式施加。
- SHARE LOCK(共享封锁,S):该封锁阻止了任何事务对表的插入、删除和修改,表示事务在封锁表的同时允许其他事务对同一表进行查询、封锁(LOCK TABLE)和使用 SELECT…FOR UPDATE OF…语句封锁指定行,但其他事务封锁的类型不能是 RX、SRX、X。
- SHARE ROW EXCLUSIVE(共享行排他封锁,SRX):该封锁用于查看整个表,表示事务在封锁表的同时允许其他事务对同一表进行查询、封锁(LOCK TABLE)和使用 SELECT…FOR UPDATE OF…语句封锁指定行,但其他事务封锁的类型不能是 RX、S、SRX、X。
- EXCLUSIVE(排他封锁,X):这是一种最严格的封锁,表示事务以排他方式写一个表,事务在封锁表的同时只允许其他事务对同一表进行查询而不能进行其他任何操作。

(2) 记录级封锁。

记录级封锁是指当一个事务访问一条记录时,对该记录实施数据封锁(总是 X)以确保当前事务可以访问该记录,阻止其他事务同时对该记录进行相关操作而造成冲突,从而保护该记录。

事务在获得记录级封锁的同时,还继承地获得了记录所属表的相应表级封锁。记录级封锁可以在执行 INSERT、DELETE、SELECT…FOR UPDATE OF…语句时隐式施加。

Oracle 11g 除了提供表级封锁和记录级封锁以外,还提供了下列常用封锁:

(3) DDL 封锁(字典封锁)。用于保护模式对象(如表)的定义,一个 DDL 语句隐式地提交一个事务。执行 DDL 语句时被创建或修改的模式对象自动获取字典封锁,防止该模式对象被其他事务修改或删除。

（4）内部封锁。保护数据库和内存结构中的内部组件,这些结构对用户是不可见的。

另外,通过调整初始化参数 SERIALIZABLE 和 ROW_LOCKING,实例可用非默认封锁启动。这两个参数的默认值为:

```
SERIALIZABLE = FALSE
ROW_LOCKING = ALWAYS
```

9.3　小结

本章介绍了数据库完整性的概念、完整性约束和触发器等数据库完整性技术、事务的概念与 ACID 性质、事务中的几个重要语句以及 Oracle 11g 的封锁机制。

数据库的完整性是指保证数据库中数据及语义的正确、相容和有效,防止任何对数据造成错误的操作。Oracle 11g 用完整性约束和触发器来定义和实施完整性规则。

触发器类似于过程和函数,也是一个 PL/SQL 命名块,但它不需显式调用,而是当相应事件发生时,被激发在后台自动运行。触发器分为 DML 触发器、DDL 触发器、系统级触发器和替代触发器 4 种类型。

事务是数据库的最小逻辑工作单元,是对数据库的一个操作序列,由一个或多个 PL/SQL 语句组成,具有 ACID 性质。事务是实施并发控制的基本单元。

采用封锁技术可以解决并发操作可能引起的数据一致性问题。从封锁的对象来看,封锁可以分为表级封锁和记录级封锁;从施加封锁的方式来看,封锁可以分为隐式封锁和显式封锁。Oracle 11g 中的表级封锁有行共享封锁、行排他封锁、共享封锁、共享行排他封锁和排他封锁 5 种,而记录级封锁则只有排他封锁。

习题 9

（1）什么是数据库的完整性? Oracle 11g 数据库中有哪三种完整性?

（2）什么是触发器? 它分为哪 4 种?

（3）解释事务的概念和 ACID 性质。

（4）事务中的 COMMIT、ROLLBACK、SAVEPOINT、SET TRANSACTION 语句各有什么作用?

（5）简述 Oracle 11g 提供的 5 种表级封锁。

实验 7　Oracle 11g 数据库的完整性与并发控制

【实验目的】

（1）理解数据库完整性的概念。

（2）掌握触发器的管理技术。

（3）理解事务中 COMMIT、ROLLBACK、SAVEPOINT、SET TRANSACTION 语句的作用。

（4）掌握 Oracle 11g 的封锁技术。

【实验内容】

（1）分别创建 4 种类型的触发器。

（2）创建分别包含 SAVEPOINT 和 SET TRANSACTION 语句的两个事务。

（3）建立 5 个示例，分别演示 5 种表级封锁的含义。

第10章 Oracle 11g数据库应用系统的开发

Visual C++是 Windows 平台上开发 32 位应用系统强有力的前端工具，是 Microsoft 公司技术精华的主流产品。其功能强大，尤其在数据库应用系统开发方面提供了多种技术，开发的数据库应用系统具有简单、灵活、访问速度快、扩展性好、可访问不同类型的数据源等优势。本章将结合学生基本信息管理系统和学生综合信息管理系统的开发实例，重点介绍使用 Visual C++的 MFC ODBC 类和 ADO 技术开发 Oracle 11g 数据库应用系统的具体技术。

本章学习目标：

(1) 理解 Visual C++开发数据库应用系统的相关技术。

(2) 掌握 Visual C++开发数据库应用系统前的准备工作。

(3) 掌握使用 MFC ODBC 类开发 Oracle 11g 数据库应用系统。

(4) 掌握使用 ADO 技术开发 Oracle 11g 数据库应用系统。

10.1 Visual C++开发数据库应用系统概述

Visual C++是 Microsoft 公司推出的 Windows 平台上的主流前端开发工具，其功能强大，几乎涵盖了 Windows 平台上的各种应用。本节将概述 Visual C++提供的服务、开发数据库应用系统的特点和各种技术。

10.1.1 Visual C++简介

Visual C++由一组软件包构成，包含了各种必需的组件工具，如编辑器、编译器、链接器、调试器等，实质上提供了一个 Windows 平台上方便开发 C/C++程序的可视化环境，它将各种工具组合起来，通过窗口、对话框、菜单、工具栏、快捷键及宏等构成了一个集成环境，程序员可以方便快捷地进行开发。Visual C++的集成环境如图 10.1 所示。

Visual C++为了方便程序的开发，提供了许多的服务：

(1) 创建和维护源程序文件的文本编辑器。

(2) 设计对话框、工具栏等页面组件的资源编辑器。

(3) 开发进程(如源文件、工程、资源等)的观察窗口。

(4) 提供了创建不同类型的 Windows 应用系统(如标准应用系统、动态链接库、Win32 应用系统、ActiveX 控件等)的专门向导(AppWizard)。

(5) 创建和维护各种类的助手——类向导 ClassWizard。

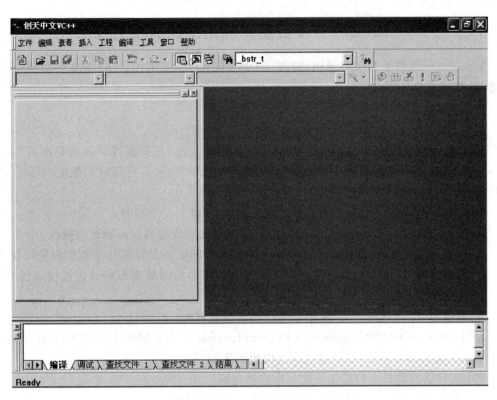

图 10.1　Visual C++的集成环境

（6）优秀的调试器及可视化表示。

（7）内置的 MFC 帮助。MFC（Microsoft Foundation Class，微软基础类库）是 Microsoft 公司为 Windows 程序员提供的一个面向对象的 Windows 编程接口。

10.1.2　Visual C++开发数据库应用系统的特点

利用 Visual C++开发的数据库应用系统具有如下特点：

（1）简单。Visual C++提供了 MFC 类库、ATL 模板类以及 AppWizard、ClassWizard 等一系列的向导工具用于帮助用户快速建立应用系统，大大简化了应用系统的设计。使用这些工具，可以使用户编写较少的代码或不需要编写代码就可以开发一个数据库应用系统。

（2）灵活。Visual C++提供的集成环境可以使用户根据自己的需要设计应用系统的页面和功能，用户可以结合应用系统的特点自由选择 Visual C++提供的丰富类库和方法。

（3）访问速度快。Visual C++提供了基于 COM 接口的 OLE 和 ADO 技术，直接对数据库的驱动程序进行访问，大大提高了访问数据库的速度。

（4）扩展性好。Visual C++提供了 OLE 和 ActiveX 技术，使用户可以利用 Visual C++提供的各种组件、控件及第三方提供的组件来创建自己的应用系统，从而实现应用系统的组件化，保证应用系统的扩展性。

（5）可访问不同类型的数据源。使用 Visual C++提供的 OLE 技术，用户不仅可以访问关系型数据库，还可以访问非关系型数据库。

10.1.3 Visual C++开发数据库应用系统的相关技术

Visual C++提供了 ODBC API、MFC ODBC、DAO、OLE DB、ADO 等多种数据库访问技术,这些技术各具特点。

1. ODBC API

ODBC(Open DataBase Connectivity,开放数据库互连)是数据库访问的标准接口。使用这一标准接口,可以使用户不需关心具体 DBMS 的细节,只需有相应类型的 ODBC 驱动程序就可以实现对数据库的访问。

ODBC 建立在客户端/服务器体系结构之上,包含以下 4 个部分:

- 应用系统(Application):通过调用 ODBC 函数完成对数据库的访问操作。
- 驱动程序管理器(Driver Manager):负责对 ODBC 的驱动程序和数据源进行管理。
- 驱动程序(Driver):真正实现 ODBC 函数调用和访问数据库的动态链接函数库,对不同类型的数据库有不同的驱动程序。
- 数据源(Data Source):通过 ODBC 连接的数据库。

使用 ODBC API(ODBC Application Program Interface)开发数据库应用系统的一般步骤是:

(1) 分配 ODBC 环境,使一些内部结构初始化。

(2) 为将访问的每个数据源分配一个连接句柄。

(3) 将连接句柄与数据库连接,使用 SQL 语句进行操作。

(4) 取回 SQL 语句操作的结果,取消与数据库的连接。

(5) 释放 ODBC 环境。

ODBC API 的特点是功能强大,提供了异步操作、事务处理等高级功能,但相应的编程复杂、工作量大,不适合初学者使用。

2. MFC ODBC

直接使用 ODBC API 开发数据库应用系统需要编写大量的代码,所以 Visual C++提供了已封装 ODBC API 的 MFC ODBC 类,使用户从 ODBC API 复杂的编程中解脱出来,能够非常简便地开发数据库应用系统。

MFC 类库中主要的 MFC ODBC 类有:

- Cdatabase(数据库类):提供了对数据源的连接,可以对数据源进行操作。
- CrecordSet(记录集类):以控制的形式显示数据库记录,是直接连到一个 CRecordSet 对象的表视图。
- CrecordView(可视记录集类):提供了从数据源中提取的记录集,通常使用动态行集(Dynasets)和快照集(Snapshots)两种形式。动态行集能保持与数据的更改同步,快照集则是数据的一个静态视图。

由于 MFC ODBC 类功能丰富,开发简便,易于掌握,尤其适合于初学者。

3. DAO

DAO(Data Access Object)提供了一种通过程序代码创建和操作数据库的机制,专用于访问 Microsoft Jet 数据库文件(＊.mdb)。

MFC 类库中主要的 DAO 类有：

- CdaoDatabase(数据库类)：代表一个到数据源的连接,通过它可以操作数据源。
- CdaoRecordSet(记录集类)：用来选择记录集并操作。
- CdaoRecordView(可视记录集类)：在空间中显示数据库记录的视图。

DAO 的应用范围相对固定,只支持 Microsoft Jet 数据库,不能用来开发 Oracle 11g 数据库应用系统。

4. OLE DB

基于 COM(Component Object Model)接口的 OLE DB(Object Linked and Embedded Database)是 Visual C++访问数据库的新技术,使用它既可以访问关系型数据库,也可以访问非关系型数据库。

OLE DB 框架中主要的基本类有：

- Data Provider(数据提供程序类)：拥有自己的数据并以表格形式显示数据的应用系统。
- Consumers(使用者类)：对存储在数据提供程序中的数据进行控制的应用系统。用户应用系统归为使用者类。
- Service Provider(服务提供程序类)：是数据提供程序和使用者的组合。它首先通过使用者接口访问存储在数据提供程序中的数据,然后通过打开数据提供程序接口使得数据对使用者有效。

OLE DB 与 ODBC API 一样也属于数据库访问中的底层接口,使用 OLE DB 开发数据库应用系统需要编写大量的代码。

5. ADO

ADO(ActiveX Data Object)是基于 OLE DB 的访问技术,继承了 OLE DB 可以访问关系数据库和非关系数据库的优点,并且对 OLE DB 的接口作了封装,属于数据库访问的高层接口,使数据库应用系统的开发得到了简化。

Visual C++提供的开发数据库应用系统的以上技术各有特点,用户可以根据自己的需要选择适当的技术。表 10.1 对这几种技术进行了比较。

表 10.1　Visual C++开发数据库应用系统的几种常见技术比较

技术名称	特点	适用的用户	可否用于 Oracle 11g 数据库的开发
ODBC API	功能强大,过于底层,编程复杂	经验丰富的用户	可以
MFC ODBC	功能强大,编程简单,易于掌握	初学者	可以
DAO	功能强大,编程简单,易于掌握	初学者	只支持 Microsoft Jet 数据库
OLE DB	基于 COM 接口,访问速度快,过于底层	经验丰富的用户	可以
ADO	基于 COM 接口,访问速度快,编程简单	有一定基础的用户	可以

本章主要介绍使用 MFC ODBC 类和 ADO 技术开发数据库应用系统,并辅以开发实例进行详细说明。

10.2　Visual C++开发数据库应用系统前的准备工作

数据库应用系统开发的前提是首先创建数据库和数据库表,一切的开发工作都是围绕着数据库和数据库表的操作进行的。为能够使用 Visual C++提供的 MFC ODBC 类数据库访问技术,在成功创建数据库和数据库表之后,还需要配置 ODBC 数据源。

10.2.1　数据库和数据库表的创建

本章所介绍的数据库应用系统开发实例——学生基本信息管理系统和学生综合信息管理系统,其目标分别是能够对学生基本信息和学生综合信息(包括选修课程信息和选修成绩信息)进行查询、增加、删除和修改操作。实例所访问的数据库是第 5 章所创建的学生数据库 XSCJ,涉及该数据库的三张表分别是用户 ZHS 所拥有的学生表 STUDENT、课程表 COURSE 和成绩表 SCORE。下面是 XSCJ 数据库及其三张表的创建过程。

(1) 以 SYSDBA 身份的 SYSTEM 用户登录 SQL * PLUS,输入如下 PL/SQL 命令创建用户 ZHS,并将 DBA 角色授予 ZHS。

```
CREATE USER ZHS IDENTIFIED BY ZHS
DEFAULT TABLESPACE USERS TEMPORARY TABLESPACE TEMP
QUOTA UNLIMITED ON USERS;
GRANT DBA TO ZHS;
```

(2) 按第 5 章介绍的数据库管理技术创建学生成绩数据库 XSCJ。若事先已创建了该数据库,则本步骤可省略。

(3) 按第 6 章介绍的数据库表的管理技术(本例选用手工方法)创建 XSCJ 数据库中的三张表。

① 学生表 ZHS. STUDENT 的创建。

```
CREATE TABLE ZHS. STUDENT
( SNO VARCHAR2(6) NOT NULL, SNAME VARCHAR2(6) NOT NULL,
  SSEX VARCHAR2(2) NOT NULL, SAGE NUMBER(2) NOT NULL,SCLASS VARCHAR2(20) NOT NULL,
  CONSTRAINT A1 PRIMARY KEY(SNO),CONSTRAINT A2 CHECK(SSEX IN('男','女')),
  CONSTRAINT A3 CHECK(SAGE BETWEEN 18 AND 24));
INSERT INTO ZHS. STUDENT SELECT * FROM SYSTEM. STUDENT_LJH;
```

注意:若 XSCJ 数据库中不存在表 SYSTEM. STUDENT_LJH 或其中无数据记录时,可用 INSERT INTO…VALUES…语句添加数据记录。

② 课程表 ZHS. COURSE 的创建。

与 ZHS. STUDENT 表的创建方法相似。

③ 成绩表 ZHS. SCORE 的创建。

与 ZHS. STUDENT 表的创建方法相似。

10.2.2　数据源的配置

数据源实质上代表着一个特定的数据库,ODBC 对不同数据库的使用都是通过对相应

数据源进行操作而实现的。使用操作系统(本例为 Windows 8 64 位环境)中的 ODBC 数据
源管理器可以进行数据源的配置。下面是数据源 STUDENTDB(代表着 XSCJ 数据库)的
创建过程。

(1) 选择"开始"→"控制面板"→"性能和维护"→"ODBC 数据源(32 位)"命令,即可弹
出如图 10.2 所示的"ODBC 数据源管理程序(32 位)"对话框。

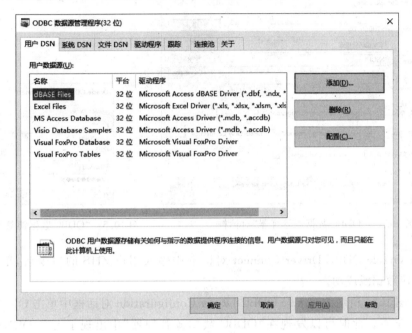

图 10.2 "ODBC 数据源管理程序(32 位)"对话框

(2) 在"用户 DSN"选项卡中单击"添加"按钮,弹出如图 10.3 所示的"创建新数据源"对
话框。

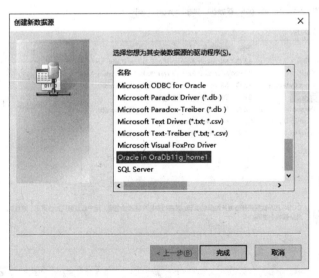

图 10.3 "创建新数据源"对话框

（3）在"创建新数据源"对话框中选择 Oracle in OraDb11g_home1 作为安装数据源的驱动程序，单击"完成"按钮，弹出如图 10.4 所示的 Oracle ODBC Driver Configuration 对话框。

（4）在 Oracle ODBC Driver Configuration 对话框中输入相关选项后，单击 Test Connection 按钮，弹出如图 10.5 所示的 Oracle ODBC Driver Connect 对话框。

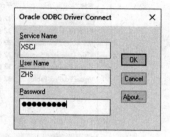

图 10.4　"ODBC 数据源管理器"对话框　　　图 10.5　"ODBC 数据源管理器"对话框

（5）在 Oracle ODBC Driver Connect 对话框中输入用户 ZHS 的口令后，单击 OK 按钮，测试连接数据源成功。

（6）在图 10.4 所示的 Oracle ODBC Driver Configuration 对话框中单击 OK 按钮，将完成数据源的配置。此时可以发现在"ODBC 数据源管理器"中出现了 STUDENTDB 数据源，如图 10.6 所示。

数据源成功配置后，就可以着手数据库应用系统的构建了。

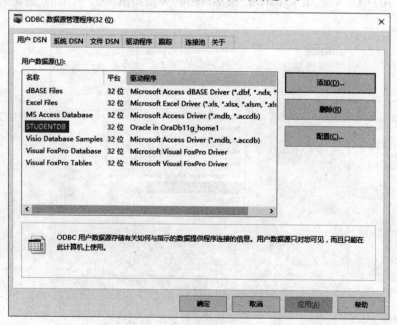

图 10.6　数据源 STUDENTDB 配置完成后的"ODBC 数据源管理器"

10.3 基于 MFC ODBC 类开发 Oracle 11g 数据库应用系统

下面介绍基于 MFC ODBC 类开发 Oracle 11g 数据库应用系统(以学生基本信息管理系统作为实例)。

10.3.1 创建应用系统框架

(1) 打开 Visual C++,选择"文件"→"新建"命令,建立一个新的工程。在"工程"选项卡中选择 MFC AppWizard(exe)选项,在"工程"文本框中输入"学生基本信息管理系统",在"位置"下拉列表框中选择 D:\Microsoft Visual Studio\MyProjects,其他设置不变。

(2) 单击"确定"按钮,在 MFC AppWizard-Step 1 对话框中选择应用系统类型为"单个文档",其他设置不变。单击"下一个"按钮,在 MFC AppWizard-Step 2 of 6 对话框中选中"查看数据库不使用文件支持"单选按钮。此时 Data Source…按钮被激活,如图 10.7 所示。

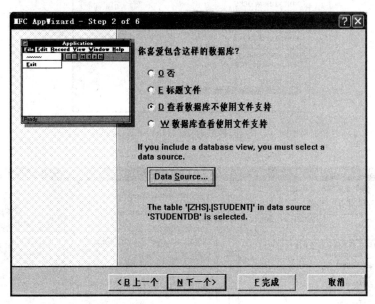

图 10.7 MFC AppWizard-Step 2 of 6 对话框

(3) 单击 Data Source …按钮,出现 Database Options 对话框,在 ODBC 下拉列表框中选择已建好的数据源 STUDENTDB,如图 10.8 所示。

(4) 单击 OK 按钮,出现 Oracle ODBC Driver Connect 对话框,输入用户 ZHS 的口令后,单击 OK 按钮,出现 Select Database Tables 对话框,从列表中选择 ZHS. STUDENT 选项,如图 10.9 所示。

(5) 单击 OK 按钮,返回 MFC AppWizard-Step 2 of 6 对话框。单击"完成"按钮,弹出"新建工程信息"窗口后,单击"确定"按钮,出现如图 10.10 所示的应用系统框架。

至此,应用系统框架已经创建,已为该工程提供了一个数据源。框架中只有一个对话框,要完成应用系统的功能,尚需后续的制作。

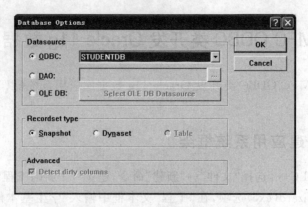

图 10.8　选择数据源 STUDENTDB

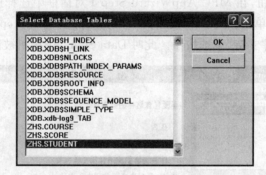

图 10.9　选择数据表 ZHS.STUDENT

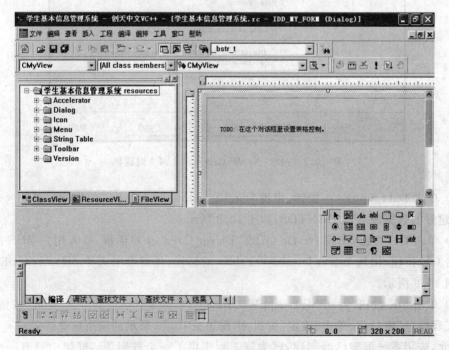

图 10.10　应用系统框架

10.3.2 应用系统框架的资源分析

本小节先对应用系统框架的资源进行分析,让读者逐步掌握 Visual C++的相关知识,为后续开发奠定基础。

一般而言,应用向导为用户提供了一个应用系统的框架,所谓框架就是一个对话框(该对话框一般就是应用系统的主页面)和应用系统相关的结构体系,如应用系统的主页面、图标、菜单、状态条、版本说明等,它们是 Windows 应用系统的主要构成要素,这些构件均可以由向导自动生成。但作为框架,目前尚不会执行任何功能。对于数据库的数据处理必须加入一定的控件,并与数据源进行绑定,同时还要面向框架中的一些对象编程才能执行相关的数据操作。为此,将对框架中的资源进行剖析。

在 Visual C++创建应用系统的集成环境中出现了一个工作区、一个编译器窗口和一个视图管理器(也称为对象管理器或对象监视器),如图 10.10 所示。资源以类并以文档的形式保存在视图管理器中,用户可以根据需要打开并显示相应资源。下面对本实例框架中的资源作一介绍。

(1) Accelerator:加速键资源,集中了整个应用系统框架中全部操作的加速键定义。双击 Accelerator 会出现全部加速键的定义,如图 10.11 所示。

ID	Key	Type
ID_EDIT_COPY	Ctrl + C	VIRTKEY
ID_FILE_PRINT	Ctrl + P	VIRTKEY
ID_EDIT_PASTE	Ctrl + V	VIRTKEY
ID_EDIT_UNDO	Alt + VK_BACK	VIRTKEY
ID_EDIT_CUT	Shift + VK_DELETE	VIRTKEY
ID_NEXT_PANE	VK_F6	VIRTKEY
ID_PREV_PANE	Shift + VK_F6	VIRTKEY
ID_EDIT_COPY	Ctrl + VK_INSERT	VIRTKEY
ID_EDIT_PASTE	Shift + VK_INSERT	VIRTKEY
ID_EDIT_CUT	Ctrl + X	VIRTKEY
ID_EDIT_UNDO	Ctrl + Z	VIRTKEY

图 10.11 应用系统框架中的加速键定义

加速键是由向导预先定义的,用户可以根据需要对每个加速键进行重新设置。

(2) Dialog:对话框资源,基于文档的应用系统(本例是基于单文档)向导预先定义了两个对话框:

- About 窗体:是对应用系统的说明,也是 Windows 应用系统制作的规范。双击 About,用户可以根据需要对其进行重新设置,如图 10.12 所示。

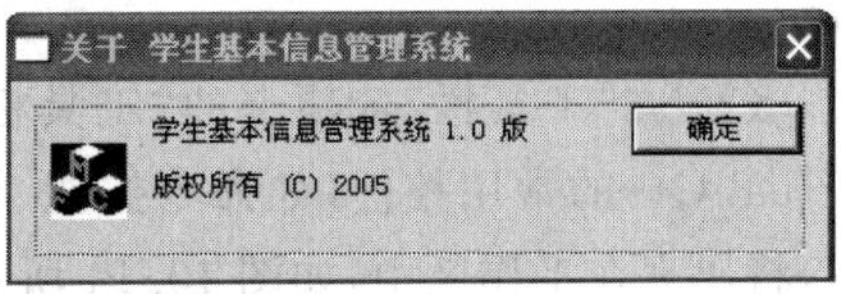

图 10.12 About 窗体

- IDD_MY_FORM:一般是应用系统的主窗体,是其他对象的容器,用户可以根据需要将其他对象加载到其中,加载前一般先删除该对话框中提示文本框"TODO:在这个对话框里设置表格控制"。

(3) Icon:按钮图标资源,用来对对话框进行修饰或作为标志。向导自动定义了两个图标资源 IDR_MAINFRAME 和 IDR_MYTYPE,用户可以根据需要对它们进行编辑。

（4）Menu：菜单资源。向导自动定义了一个菜单资源 IDR_MAINFRAME，用户可以根据需要对其进行编辑。

（5）String Table：字符串数据表资源，记录了应用系统全部资源的定义和功能。

（6）Toolbar：工具条资源。向导为应用系统的主窗体自动定义了一个工具条资源 IDR_MAINFRAME，用户可以根据需要对其进行编辑。

（7）Version：应用系统版本信息。

10.3.3　应用系统框架的文件分析

应用系统是文档的集合，框架一经建立和编译就会生成一些派生的文件。一个 Visual C++应用系统的文件主要包括源文件、头文件、资源文件、说明文件等。下面对本实例框架中主要的文件作一介绍。

（1）MainFrm.cpp：主框架实现文件，用来说明主框架中的类、头文件声明及主框架的实现过程。

（2）StdAfx.cpp：包括预定义头文件等的标准文件。

（3）学生基本信息管理系统.cpp：用于定义类的行为。

（4）学生基本信息管理系统 Doc.cpp：用于记录类。

（5）学生基本信息管理系统 Set.cpp：用于记录关于类的设置、数据环境及数据连接等的设置过程。

（6）学生基本信息管理系统 View.cpp：可以查看类及其实现过程，常包括工程全部文件的执行过程。

10.3.4　制作应用系统的主窗体

1．主对话框的基本制作

向导已为应用系统生成一个对话框对象 IDD_MY_FORM，它也是该种类型工程的主对话框，即作为工程运行的主页面。数据源也正是为该对话框而引入的（其他类型的工程未必如此）。主对话框的基本制作步骤如下：

（1）选择 Visual C++主菜单中的"工具"→"定制"命令，出现"定制"对话框，如图 10.13 所示。

（2）在"工具栏"选项卡的"工具栏"列表框中选中 Controls 选项，单击"关闭"按钮，则 Visual C++的常用控件（如命令按钮、标签、文本框、组合框、复选按钮、单选按钮、页框控件等）将出现在工作区中，如图 10.14 所示。

如果常用控件已出现在工作区中，可以省略这两步。

（3）在主对话框 IDD_MY_FORM 中加入 5 个标签控件并分别编辑，编辑的方法是右击要编辑的标签控件，在弹出的快捷菜单中选择"属性"命令，弹出标签控件的属性设置对话框，如图 10.15 所示。

标签控件的属性可分为一般、风格和扩展三种，标题和资源索引号 ID 是其中最关键的属性。表 10.2 列出了 5 个标签控件的基本属性。

图 10.13　"定制"对话框

图 10.14　Visual C++的常用控件

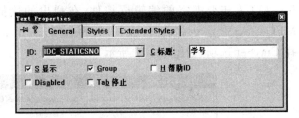

图 10.15　标签控件的属性设置对话框

表 10.2　5 个标签控件的基本属性

控件的 ID	控件的类型	控件的标题
IDC_STATICSNO	Static Text	学号
IDC_STATICSNAME	Static Text	姓名
IDC_STATICSSEX	Static Text	性别
IDC_STATICSAGE	Static Text	年龄
IDC_STATICSCLASS	Static Text	班级

（4）在主对话框 IDD_MY_FORM 中加入 5 个编辑框控件并分别编辑，编辑的方法同标签控件。表 10.3 列出了 5 个编辑框控件的基本属性。

表 10.3　5 个编辑框控件的基本属性

控件的 ID	控件的类型	绑定的字段
IDC_EDITSNO	Edit Box	学号
IDC_EDITSNAME	Edit Box	姓名
IDC_EDITSSEX	Edit Box	性别
IDC_EDITSAGE	Edit Box	年龄
IDC_EDITSCLASS	Edit Box	班级

各标签及编辑框控件在主对话框中的布局如图 10.16 所示。

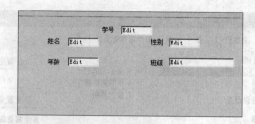

图 10.16 各标签及编辑框控件在主对话框中的布局

2. 编辑框控件与数据库表字段的绑定

在主对话框 IDD_MY_FORM 中加载编辑框控件后,应将各编辑框控件与数据源(STUDENTDB 中的 ZHS. STUDENT 表,该数据源专为主对话框而引入)进行连接和数据绑定,具体方法如下:

(1) 右击要绑定的编辑框控件,在弹出的快捷菜单中选择建立类向导…命令,弹出MFC ClassWizard 对话框,选中 Member Variables 选项卡,在 Class name 下拉列表框中选择 CmySet 选项,如图 10.17 所示。

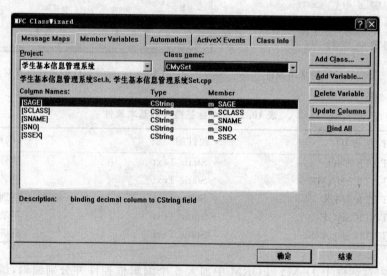

图 10.17 全部字段的成员变量

图 10.17 中列出了数据库表 ZHS. STUDENT 的所有字段名称,并为每一字段赋予了一个成员变量。Visual C++ 中一些资源是按照成员变量进行编译和识别的,用户可以对成员变量进行重新定义。方法是选中要重新定义的成员变量,单击 Delete Variable 按钮,再单击 Add Variable…按钮即可重新定义。本例默认。

(2) 在图 10.18 中将 Class name 切换为 CMyView,出现如图 10.18 所示的成员列表。

图 10.18 中包含了全部编辑框控件的资源索引 ID,下面将根据资源索引 ID 建立各编辑框控件与数据库表字段成员变量间的映射。

(3) 在图 10.18 中选择"学号"编辑框控件的资源索引 ID(IDC_EDITSNO),单击 AddVariable 按钮,出现如图 10.19 所示的 Add Member Variable 对话框。

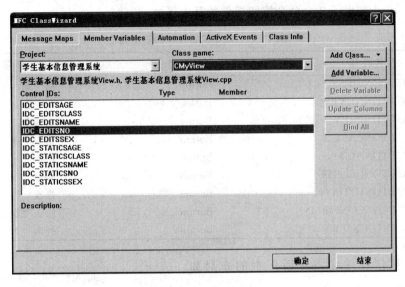

图 10.18 成员列表

（4）从成员变量名中选择 m_pSet-> m_SNO，单击 OK 按钮，即完成了"学号"编辑框控件与 m_SNO 成员变量之间的映射。按照同样的方法建立其他编辑框控件与相应成员变量之间的映射。

（5）编译工程，得到如图 10.20 所示的应用系统初步运行效果。

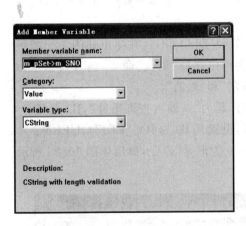

图 10.19 Add Member Variable 对话框

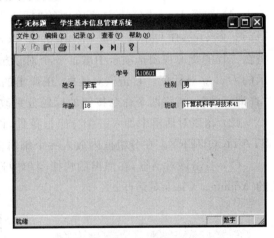

图 10.20 应用系统的初步运行效果

10.3.5 实现应用系统的增加、删除、修改与查询记录功能

前面的主窗体制作中利用编辑框控件实现了对数据的浏览，但未能实现对数据的增加、删除、修改以及按条件查询等功能，本小节将完善应用系统的这些功能。

1. 主窗体的重新布局

在主对话框 IDD_MY_FORM 中加入 9 个命令按钮控件并分别编辑，编辑的方法同标签控件。表10.4列出了9个命令按钮控件的基本属性。

表 10.4　9 个命令按钮控件的基本属性

控件的 ID	控件的类型	控件的标题
IDC_BUTTONFIRST	Button	第一条
IDC_BUTTONNEXT	Button	下一条
IDC_BUTTONPREV	Button	上一条
IDC_BUTTONLAST	Button	最后一条
IDC_BUTTONADD	Button	增加
IDC_BUTTONDELETE	Button	删除
IDC_BUTTONUPDATE	Button	修改
IDC_BUTTONCONFIRM	Button	确认增删
IDC_BUTTONQUERY	Button	查询

各命令按钮控件在主对话框中的布局如图 10.21 所示。

2. 增加新的对话框及创建类成员

查询记录时常需要一个对话框用于输入查询条件。为此,需在工程中增加一个对话框,步骤如下:

(1) 选择 Visual C++ 主菜单中的"插入"→

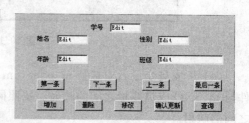

图 10.21　各命令按钮控件在
　　　　　　主对话框中的布局

"资源"命令,选择 Dialog 类型,单击"新建"按钮,将在工程的资源视图选项卡中增加一个对话框资源 IDD_DIALOG1,并弹出如图 10.22 所示的 Dialog 对话框。右击该对话框,在弹出的快捷菜单中选择"属性"命令,输入其标题为"查询记录"。再将两个命令按钮的标题分别改为"确定"和"取消"。

(2) 在该对话框中加入一个分组框控件,设置其标题为"请输入查询条件",ID 为 IDC_STATICQUERY。在分组框内放入一个编辑框控件,设置其 ID 为 IDC_EDITQUERY。

(3) 右击该对话框,在弹出的快捷菜单中选择"建立类向导"命令,弹出如图 10.23 所示的 Adding a Class 对话框。

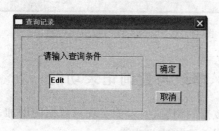

图 10.22　新对话框中的布局

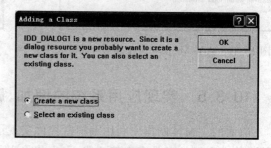

图 10.23　Adding a Class 对话框

(4) 单击 OK 按钮,弹出如图 10.24 所示的 New Class 对话框,在 Name 文本框中输入 CMyDlg1。

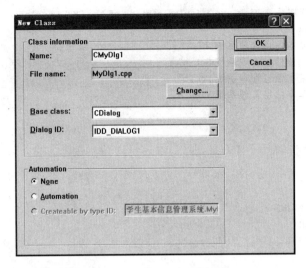

图 10.24　New Class 对话框

（5）单击 OK 按钮，出现如图 10.25 所示的 MFC ClassWizard 对话框，选中 Member Variables 选项卡，为刚加入的编辑框控件 IDC_EDITQUERY 添加成员变量 m_query。"确定"和"取消"两个命令按钮是系统自动创建的，可以被识别，不需添加成员变量。

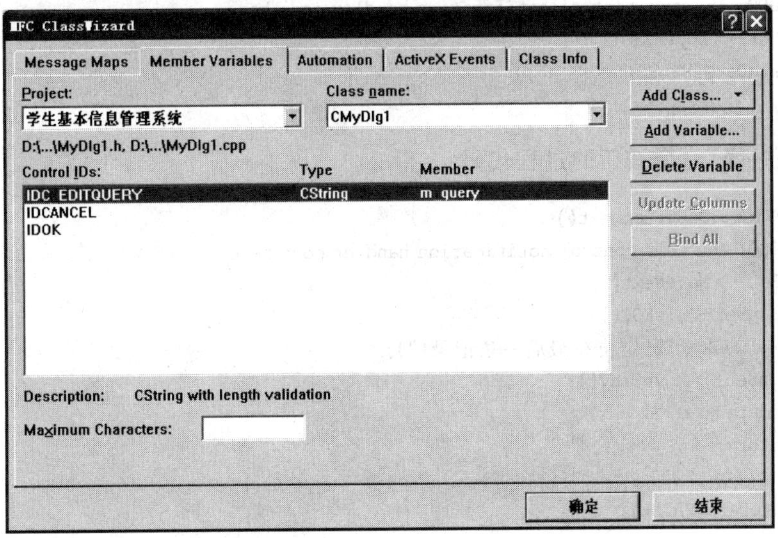

图 10.25　添加编辑框控件 IDC_EDITQUERY 的成员变量 m_query

（6）为新类加以声明。

工程中的资源相互调用时需要在它们之间进行声明，否则将不可识别。由于在主对话框中将调用新增的对话框，因此需要在应用系统的主对话框视图文件（因为本应用系统是基本单文档类型的，对于其他类型的工程应在相应文件中进行声明）中对新增对话框资源进行声明。方法是在视图管理器中选择 FileView，双击"学生基本信息管理系统 View.cpp"，在该文件的开始部分增加新类的声明，如下所示：

```
//学生基本信息管理系统 View.cpp : implementation of the CMyView class
# include "stdafx.h"
# include "学生基本信息管理系统.h"
# include "学生基本信息管理系统 Set.h"
# include "学生基本信息管理系统 Doc.h"
# include "学生基本信息管理系统 View.h"

//开始声明
# include "MyDlg1.h"
//结束声明

# ifdef _DEBUG
# define new DEBUG_NEW
# undef THIS_FILE
static char THIS_FILE[] = __FILE__;
# endif
```

3. 编写各命令按钮的过程代码

（1）"第一条"命令按钮的过程代码：

```
void CMyView::OnButtonfirst()
{   //TODO: Add your control notification handler code here
    m_pSet->MoveFirst();
    UpdateData(FALSE);
}
```

（2）"下一条"命令按钮的过程代码：

```
void CMyView::OnButtonnext()
{   //TODO: Add your control notification handler code here
    m_pSet->MoveNext();
    if(m_pSet->IsEOF())
    { MessageBox("已定位在最后一条记录!");
      m_pSet->MovePrev();
      UpdateData(FALSE);
      return;
    }
    UpdateData(FALSE);
}
```

（3）"上一条"命令按钮的过程代码：

```
void CMyView::OnButtonprev()
{   //TODO: Add your control notification handler code here
    m_pSet->MovePrev();
    if(m_pSet->IsBOF())
    { MessageBox("已定位在第一条记录!");
      m_pSet->MoveNext();
      UpdateData(FALSE);
    return;
```

```
    }
    UpdateData(FALSE);
}
```

（4）"最后一条"命令按钮的过程代码：

```
void CMyView::OnButtonlast()
{    //TODO: Add your control notification handler code here
    m_pSet->MoveLast();
    UpdateData(FALSE);
}
```

（5）"增加"命令按钮的过程代码：

```
void CMyView::OnButtonadd()
{    //TODO: Add your control notification handler code here
    m_pSet->AddNew();
    UpdateData(FALSE);
}
```

（6）"删除"命令按钮的过程代码：

```
void CMyView::OnButtondelete()
{    //TODO: Add your control notification handler code here
    m_pSet->Delete();
    m_pSet->MoveNext();
    if(m_pSet->IsEOF())
        m_pSet->MoveLast();
    if(m_pSet->IsBOF())
        m_pSet->SetFieldNull(NULL);
    UpdateData(FALSE);
}
```

（7）"修改"命令按钮的过程代码：

```
void CMyView::OnButtonupdate()
{    //TODO: Add your control notification handler code here
    m_pSet->Edit();
}
```

（8）"确认更新"命令按钮的过程代码：

```
void CMyView::OnButtonconfirm()
{    //TODO: Add your control notification handler code here
    UpdateData();
    m_pSet->Update();
    m_pSet->Requery();
}
```

（9）"查询"命令按钮的过程代码：

```
void CMyView::OnButtonquery()
{    //TODO: Add your control notification handler code here
    CMyDlg1 MyDlg1;
```

```
MyDlg1.DoModal();
CString value;
if(MyDlg1.DoModal() == IDOK)
{ value = "SNO = " + MyDlg1.m_query + "";
  m_pSet -> m_strFilter = value;
  m_pSet -> Requery();
  UpdateData(FALSE);
return;
}
}
```

10.4 基于 ADO 技术开发 Oracle 11g 数据库应用系统

下面基于 ADO 技术开发 Oracle 11g 数据库应用系统(以学生综合信息管理系统作为实例)。

10.4.1 创建应用系统框架

(1) 打开 Visual C++,选择"文件"→"新建"命令,建立一个新的工程。在"工程"选项卡中选择 MFC AppWizard(exe)选项,在"工程"文本框中输入"学生综合信息管理系统",在"位置"下拉列表中选择 D:\Microsoft Visual Studio\MyProjects,其他设置不变。

(2) 单击"确定"按钮,在 MFC AppWizard-Step 1 对话框中选择应用类型为"基本对话",其他设置不变,如图 10.26 所示。

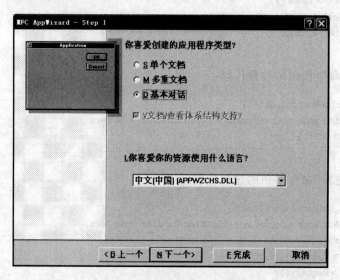

图 10.26 应用系统类型设置

(3) 单击"下一个"按钮,在 MFC AppWizard-Step 2 of 4 对话框中选择"关于框符""3D 控制"和"ActiveX 控件"复选框,输入标题对话为"学生综合信息管理系统",如图 10.27 所示。

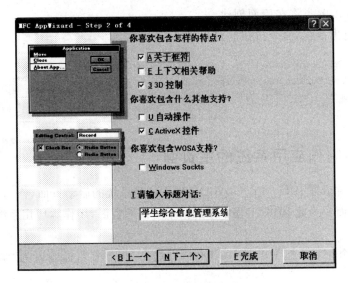

图 10.27 应用系统特色设置

（4）单击"完成"按钮，在弹出的"新建工程信息"窗口中单击"确定"按钮，即创建了应用系统框架。

10.4.2 制作应用系统的启动页面

基于"基本对话"类型的向导创建的应用系统框架中自动生成了对话框资源 IDD_MY_DIALOG，它是应用系统的主对话框，即应用系统启动的主页面。可以对其重新设置，将它设为应用系统的启动页面。设置步骤如下：

（1）双击 IDD_MY_DIALOG，删除其中的提示文本框"TODO：在这个对话框里设置表格控制"及"确定""取消"按钮。重新设置其布局如图 10.28 所示，其中加入了一个标签控件和两个命令按钮控件，它们的 ID 分别为 IDC_STATICWELCOME、IDC_BUTTONLOGIN、IDC_BUTTONLOGOUT。

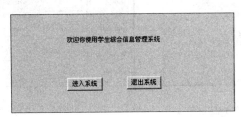

图 10.28 IDD_MY_DIALOG 对话框的重新布局

（2）编写"进入系统"命令按钮的过程代码为：

```
void CMyDlg::OnButtonlogin()
{    //TODO: Add your control notification handler code here
     CMainDlg MainDlg;
     MainDlg.DoModal();
}
```

说明：CmainDlg 类将在后面创建。

（3）编写"退出系统"命令按钮的过程代码为：

```
void CMyDlg::OnButtonlogout()
{    //TODO: Add your control notification handler code here
     OnOK();
}
```

10.4.3   制作应用系统的主页面

上面已将主对话框 IDD_MY_DIALOG 用作应用系统的启动页面，作为一个应用系统，还需要一个主页面。为此，需在工程中添加一个对话框资源，用作本应用系统的主页面。操作步骤如下：

（1）插入一个新对话框 IDD_DIALOG1（方法见 10.3 节），标题设为"学生综合信息管理系统主页面"。

（2）删除该对话框中的 OK 和 Cancel 命令按钮。

（3）在该对话框中加入一个状态条控件 IDC_SBARCTRL1（它是一个 ActiveX 控件）。加入方法是右击对话框，在弹出的快捷菜单中选择 Inset ActiveX Control 命令，弹出如图 10.29 所示的"插入 ActiveX 控件"对话框，从列表框中选择 Microsoft StatusBar Control，Version 6.0 后，单击"确定"按钮，即在对话框中插入状态条控件 IDC_SBARCTRL1。

（4）右击该状态条控件，在弹出的快捷菜单中选择"属性"命令，设置其属性如图 10.30 所示。

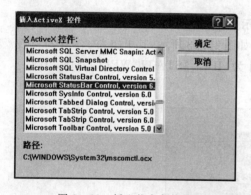

图 10.29   插入状态条控件

图 10.30   状态条控件的属性设置

（5）为新建对话框 IDD_DIALOG1 创建新类 CMainDlg（方法见 10.3 节）。由于要在启动页面对话框 IDD_MY_DIALOG 中的"进入系统"按钮单击事件中调用新建对话框 IDD_DIALOG1，从而进入应用系统的主页面，因此需在"学生综合信息管理系统 Dlg.cpp"中对新类 CmainDlg 声明如下：

```
//学生综合信息管理系统 Dlg.cpp : implementation file
# include "stdafx.h"
# include "学生综合信息管理系统.h"
```

```
# include "学生综合信息管理系统 Dlg. h"

//开始声明
# include "MainDlg.h"
//结束声明

# ifdef _DEBUG
# define new DEBUG_NEW
# undef THIS_FILE
static char THIS_FILE[] = __FILE__;
# endif
```

（6）插入并编辑一个新的菜单资源。方法是选择 Visual C++主菜单中的"插入"→"资源"命令，选择 Menu 类型，单击"新建"按钮，将在工程的资源视图选项卡中增加一个菜单文档 IDR_MENU1，并打开菜单编辑器。本例菜单设计效果如图 10.31 所示。

图 10.31　菜单设计效果

其中所有菜单条目如表 10.5 所示（注意：主菜单无资源索引 ID）。

表 10.5　菜单及下拉菜单

ID	下拉菜单标题	主菜单标题
ID_MENU_STUDENT	学生信息	学生信息管理
ID_MENU_COURSE	课程信息	课程信息管理
ID_MENU_SCORE	成绩信息	成绩信息管理
ID_MENU_ABOUT	关于系统	关于

（7）建立菜单与主页面对话框的连接。方法是右击对话框 IDD_DIALOG1，在快捷菜单中选择"属性"命令，弹出如图 10.32 所示的 Dialog Properties 对话框，在 General 选项卡中选择"菜单"为 IDR_MENU1。

图 10.32　建立对话框与菜单的连接

10.4.4　制作"学生信息管理"对话框

前面已为"学生综合信息管理系统"制作了一个较为完整的框架，它包括系统的启动页面、主页面、主菜单、状态条等各种 Windows 应用系统的相关要素，但尚未有任何实质性的功能，从本小节开始将制作系统的各个功能模块。本小节将制作"学生信息管理"对话框，操作步骤如下：

（1）新增对话框资源 IDD_DIALOG2（方法见 10.3 节），标题设为"学生信息管理"。

（2）删除 IDD_DIALOG2 对话框中的 OK 和 Cancel 命令按钮。

（3）在 IDD_DIALOG2 对话框中加入一个 ADO Data 控件（简称 ADODC 控件，是一个 ActiveX 控件），并为它引入数据库表。具体步骤是：

① 右击对话框，在弹出的快捷菜单中选择 Inset ActiveX Control 命令，弹出如图 10.33 所示的"插入 ActiveX 控件"对话框，从列表框中选择 Microsoft ADO Data Control，Version 6.0 后，单击"确定"按钮，即在对话框中插入了一个 ADODC 控件 IDC_ADODC1。

ADODC 控件是一个数据源控件，专门用于为应用系统创建数据环境，其作用与 ODBC 数据源一样，但在使用方法上有一定区别。数据环境一经建立，ADODC 控件又可以作为一个数据导航控件，用于对数据环境中的数据记录进行浏

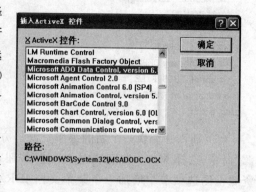

图 10.33　插入 ADODC 控件

览。为此，将数据库表引入 IDC_ADODC1 控件非常重要。

② 右击该控件，在弹出的快捷菜单中选择"属性"命令，出现"ADODC 控件属性设置"对话框，在 General 选项卡中设置标题为"学生信息浏览"。

③ 在如图 10.34 所示的"通用"选项卡中选择"使用 ODBC 数据资源名称"单选按钮，从其下拉列表中选择已创建的数据源 STUDENTDB。

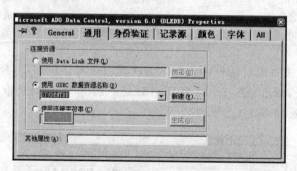

图 10.34　ADODC 控件属性对话框的"通用"选项卡

④ 在如图 10.35 所示的"身份验证"选项卡中输入用户名及其密码。

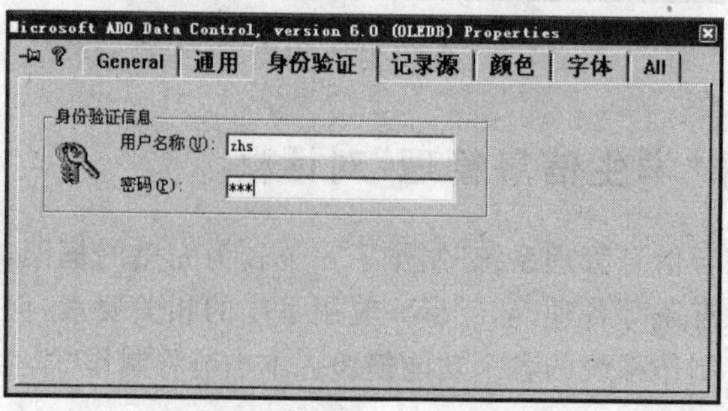

图 10.35　ADODC 控件属性对话框的"身份验证"选项卡

⑤ 在如图 10.36 所示的"记录源"选项卡中首先选择"命令类型"为 2-adCmdTable,再从"表或存储过程名称"下拉列表中选择数据库表 STUDENT。

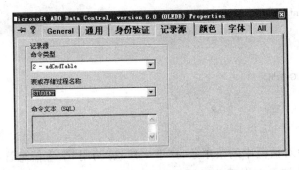

图 10.36 ADODC 控件属性对话框的"记录源"选项卡

(4) 在 IDD_DIALOG2 对话框中加入并编辑一个数据表格控件(也是一个 ActiveX 控件)。具体步骤是:

① 右击对话框,在弹出的快捷菜单中选择 Inset ActiveX Control 命令,弹出如图 10.37 所示的"插入 ActiveX 控件"对话框,从列表框中选择 Microsoft DataGrid Control, Version 6.0 后,单击"确定"按钮,即在对话框中插入了一个数据表格控件 DataGrid1。

数据表格控件专用于数据操作和数据编辑。

② 右击该控件,在弹出的快捷菜单中选择"属性"命令,出现"DataGrid 控件属性设置"对话框,在 All 选项卡中设置属性如图 10.38 所示。

图 10.37 插入数据表格控件

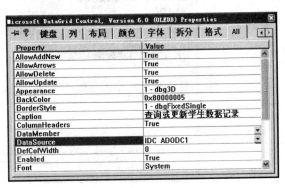

图 10.38 数据表格控件的属性设置

其中,AllowAddNew、AllowArrows、AllowDelete、AllowUpdate 的值均为 True,标题为"查询或更新学生数据记录",DataSource 为 IDC ADODC1。

(5) 为新建对话框 IDD_DIALOG2 创建新类 CStudentDlg(方法见 10.3 节)。由于要在主页面对话框 IDD_DIALOG1 中的主菜单条目"学生信息"单击事件中调用新建对话框 IDD_DIALOG2,从而进入"学生信息管理"的对话框,因此需在 MainDlg.cpp 中对新类 CStudentDlg 声明如下:

```
//MainDlg.cpp : implementation file
# include "stdafx.h"
# include "学生综合信息管理系统.h"
```

```
# include "MainDlg.h"

//开始声明
# include "StudentDlg.h"
//结束声明

# ifdef _DEBUG
# define new DEBUG_NEW
# undef THIS_FILE
static char THIS_FILE[] = __FILE__;
# endif
```

（6）使用主页面对话框中的菜单条目"学生信息"调用"学生信息管理"对话框。

前面主菜单已连接了主页面的对话框 IDD_DIALOG1，它已从属于该对话框并列于其中，但与命令按钮一样，还需为每个菜单条目建立消息映射、添加命名函数、编写过程代码。下面介绍菜单条目"学生信息"调用"学生信息管理"对话框的方法，操作步骤为：

① 在工程中的资源视图选项卡中双击 IDD_DIALOG1 对话框并打开。

② 右击 IDD_DIALOG1 对话框，在弹出的快捷菜单中选择"建立类向导"命令，将弹出 MFC ClassWizard 对话框，选择 Message Maps 选项卡，如图 10.39 所示。

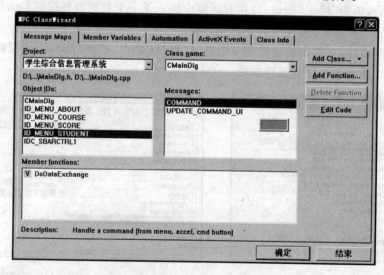

图 10.39　类向导的消息映射选项卡

③ 选中 IDD_MENU_STUDENT 菜单条目后，选择消息类型为 COMMAND（即命令类型），此时将激活 ADD Function 按钮。

④ 单击 ADD Function 按钮，出现菜单函数定义页面，接受系统提示的函数名 OnMenuStudent。

⑤ 单击 OK 按钮，系统回到类向导对话框。

⑥ 单击 Edit Code 按钮，编写过程代码如下：

```
void CMainDlg::OnMenuStudent()
{    //TODO: Add your command handler code here
    CStudentDlg StudentDlg;
```

```
        StudentDlg.DoModal();
}
```

(7) 编译并运行工程,可以发现利用"学生信息"菜单项即可以调用"学生信息管理"对话框。

10.4.5 制作"课程信息管理"对话框

制作方法与"学生信息管理"对话框相似。

10.4.6 制作"成绩信息管理"对话框

制作方法与"学生信息管理"对话框相似。

10.4.7 制作"关于"对话框

工程中向导已为应用系统框架生成了一个 IDD_ABOUTBOX 对话框,但它并未与菜单进行连接,其类也是由系统自动创建的,并不符合应用系统的需要,可以将其删除并创建适合应用系统的 About 对话框。操作步骤如下:

(1) 在工程中的资源视图选项卡中选择 IDD_ABOUTBOX 对话框,按 Delete 键将其删除。

(2) 新增对话框资源 IDD_DIALOG3(方法见 10.3 节),标题设为"关于系统"。

(3) 删除 IDD_DIALOG3 对话框中的 OK 和 Cancel 命令按钮。

(4) 在 IDD_DIALOG3 对话框中重新布局,添加三个标签控件,如图 10.40 所示。

图 10.40 IDD_DIALOG3 对话框的布局

(5) 为新建对话框 IDD_DIALOG3 创建新类 CMyAboutDlg(方法见 10.3 节)。同样要在"MainDlg.cpp"中对新类 CMyAboutDlg 声明如下:

```
//MainDlg.cpp : implementation file
# include "stdafx.h"
# include "学生综合信息管理系统.h"
# include "MainDlg.h"

//开始声明
# include "StudentDlg.h"
# include "MyAboutDlg.h"
//结束声明
```

```
# ifdef _DEBUG
# define new DEBUG_NEW
# undef THIS_FILE
static char THIS_FILE[] = __FILE__;
# endif
```

（6）建立菜单条目"关于系统"对 IDD_DIALOG3 对话框的调用（方法见 10.4.4 节），编写过程代码如下：

```
void CMainDlg::OnMenuAbout()
{    //TODO: Add your command handler code here
     CMyAboutDlg MyAboutDlg;
     MyAboutDlg.DoModal();
}
```

10.5 小结

本章主要介绍了 Visual C++开发数据库应用系统的特点和相关技术，重点讲述了如何基于 MFC ODBC 类和 ADO 技术开发 Oracle 11g 数据库应用系统。

Visual C++提供了 ODBC API、MFC ODBC、DAO、OLE DB、ADO 等多种数据库访问技术，这些技术各具特点。

Visual C++开发数据库应用系统的前提是创建好数据库和数据库表，并正确配置数据源。

MFC ODBC 类封装了 ODBC API，使用户可以从 ODBC API 复杂的编程中解脱出来。结合"学生基本信息管理系统"的开发实例，要求掌握使用 MFC ODBC 类开发 Oracle 11g 数据库应用系统的方法。

ADO 基于 OLE DB，属于数据库访问的高层接口，使数据库应用系统的开发得到了简化。结合"学生综合信息管理系统"的开发实例，要求掌握使用 ADO 技术开发 Oracle 11g 数据库应用系统的方法。

习题 10

（1）简述 Visual C++开发数据库应用系统的特点与各种技术。

（2）什么是数据源？

（3）MFC 类库中常用的 MFC ODBC 类有哪三种？

（4）什么是 ADO？

实验 8 Oracle 11g 数据库应用系统的开发（综合二）

【实验目的】

（1）理解 Visual C++的开发环境。

（2）掌握 Visual C++开发数据库应用系统前的准备工作。

（3）掌握基于 MFC ODBC 类开发 Oracle 11g 数据库应用系统。

（4）掌握基于 ADO 技术开发 Oracle 11g 数据库应用系统。

【实验内容】

（1）基于 MFC ODBC 类开发"学生基本信息管理系统"。

（2）基于 ADO 技术开发"学生综合信息管理系统"。

附录 A
手工创建数据库和初始化参数文件

A.1 手工创建数据库

手工创建一个 Oracle 11g 数据库（本例名为 GZGL），创建者必须具有 DBA 角色的权限。操作步骤如下：

（1）创建存放数据库文件的目录。

```
F:\Oracle 11g\admin\GZGL
F:\Oracle 11g\admin\GZGL\bdump
F:\Oracle 11g\admin\GZGL\cdump
F:\Oracle 11g\admin\GZGL\create
F:\Oracle 11g\admin\GZGL\pfile
F:\Oracle 11g\admin\GZGL\udump
F:\Oracle 11g\oradata\GZGL
```

（2）创建或修改初始化参数文件。

将已创建的其他数据库实例的初始化参数文件 init.ora 复制至上述新建目录 pfile 后，重命名为 init.ora，然后进行编辑。

手工创建 F:\Oracle 11g\Ora11g\DATABASE\initGZGL.ora 文件，内容为 IFILE=
'F:\Oracle 11g\admin\GZGL\pfile\init.ora'。

（3）创建口令文件。

在命令提示符下使用以下命令创建口令文件 PWDGZGL.ora：

```
F:\Oracle 11g\Ora11g\bin\orapwd
file= F:\Oracle 11g\Ora11g\database\PWDGZGL.ora password = system entries = 5
```

（4）创建一个 Oracle 服务。

在命令提示符下使用下列命令：

```
set ORACLE_SID = GZGL
F:\Oracle 11g\Ora11g\bin\oradim - new - sid GZGL - startmode manual - pfile
"F:\Oracle 11g\admin\GZGL\pfile\init.ora"
```

（5）定制 CREATE DATABASE 脚本。

定制如下 CREATE DATABASE 脚本，将其存为 CreateGZGL.sql 文件。

```
set echo on
spool f:\Oracle 11g\admin\GZGL\create\CreateDB.log
CREATE DATABASE GZGL
CONTROLFILE REUSE
LOGFILE   'F:\Oracle 11g\oradata\GZGL\redo01.log'size 1024K reuse,
          'F:\Oracle 11g\oradata\GZGL\redo02.log'size 512K reuse,
          'F:\Oracle 11g\oradata\GZGL\redo03.log'size 512K reuse
MAXLOGFILES 5
MAXLOGHISTROY 1
DATAFILE 'F:\Oracle 11g\oradata\GZGL\system01.dbf'size 1024K reuse AUTOEXTEND ON NEXT 640K
ARCHIVELOG
```

- DATABASE：指定要创建的数据库名，但必须与初始化参数文件 init.ora 中的 DB_NAME 名称一致，本例设为 GZGL。
- CONTROLFILE REUSE：指定初始化参数文件中已有的控制文件重新用作控制文件。
- LOGFILE：指定用作日志文件的一个或多个文件，reuse 仅当使用 size 选项时才有意义，表示允许重新使用已存在的文件。
- MAXLOGFILES：指定数据库可建的日志文件组的最大值，本例设为 5。
- MAXLOGHISTROY：指定归档日志文件的最大数目，用于介质恢复，本例设为 1。
- DATAFILE：指定用作数据文件的一个或多个文件，这些文件成为 SYSTEM 表空间的成份。
- MAXDATAFILES：指定数据库可建立的最大数据文件数，本例设为 10。
- MAXINSTANCES：指定可同时装载或打开该数据库的实例的最大数目，本例设为 1。
- ARCHIVELOG：指定日志文件组为归档模式，表示日志文件组重用前必须归档，用于介质恢复。

（6）运行 CREATE DATABASE 脚本。

① 确认 Oracle 服务已启动，选择"控制面板"→"性能和维护"→"管理工具"→"服务"选项，可以查看当前系统已启动的服务，如图 A.1 所示。

图 A.1　管理工具—服务

② 在命令提示符下执行以下命令：

```
SQL > sqlplus /nolog
SQL > connect /as SYSDBA
SQL > STARTUP
SQL >@CreateGZGL.sql
```

（7）在注册表中更新 ORACLE SID。

A.2　手工初始化参数文件

在启动一个实例时，Oracle 11g 必须读入一初始化参数文件（Initialilation Parameter File），该参数文件是一个文本文件，包含有实例配置参数。这些参数置成特殊值。用于初始 Oracle 11g 实例的许多内存和进程设置。该参数文件包含：

（1）一个实例所启动的数据库名字。

（2）在 SGA 中存储结构使用多少内存。

（3）在填满在线日志文件后作什么。

（4）数据库控制文件的名字和位置。

（5）在数据库中专用回滚段的名字。

参数文件例子：

db_block_buffers=550（注：在 SGA 中可缓冲的数据库块数，它决定了 SGA 的大小）

db_name=XSCJ（注：数据库名，最多 8 个字符）

db_domain=US. ACME. COM（注：一个全局数据库名的扩展成分）

license_Max=users=64（注：在数据库中可建用户的最大数）

log_archive_dest=F:\logarch（注：为归档日志指定磁盘文件默认位置等）

log_archive_format=arch%s. ora（注：指定归档日志文件的默认文件名格式）

log_archive_start=TRUE（注：TRUE 指定，实例启动时归档是自动的，FALSE 是手工的）

log_buffer=64512（在 SGA 中分配给日志缓冲区的字节数）

log_checkpoint_interval=256000（指定最新填满日志文件的块数，填满后需要激发一个检查点）

rollback_segments=rs_one,rs_two（注：按名将一个或多个回滚段分配给实例）

DBA 利用初始化参数实现：

（1）调整内存结构（如数据库缓冲区数目）可优化性能。

（2）设置某些数据库的限制。

（3）指定文件名。

利用 SQL * DBA 命令可查看初始化参数的当前设置。形式为 SQLDBA > SHOW PARAMETERS，显示全部参数的当前值。也可以为 SQLDBA > SHOW PARAMETERS BLOCK，它将显示参数名中有 BLOCK 的全部参数。

图 书 资 源 支 持

感谢您一直以来对清华版图书的支持和爱护。为了配合本书的使用,本书提供配套的资源,有需求的读者请扫描下方的"书圈"微信公众号二维码,在图书专区下载,也可以拨打电话或发送电子邮件咨询。

如果您在使用本书的过程中遇到了什么问题,或者有相关图书出版计划,也请您发邮件告诉我们,以便我们更好地为您服务。

我们的联系方式:

地　　址:北京海淀区双清路学研大厦 A 座 707

邮　　编:100084

电　　话:010－62770175－4604

资源下载:http://www.tup.com.cn

电子邮件:weijj@tup.tsinghua.edu.cn

QQ:883604(请写明您的单位和姓名)

用微信扫一扫右边的二维码,即可关注清华大学出版社公众号"书圈"。

资源下载、样书申请

书 圈